省部级示范性高等职业院校重点专业建设规划教材

# 水力学实验

主　编　朱李英
副主编　李　娜　王巧霞
主　审　田明武

黄河水利出版社
·郑州·

## 内 容 提 要

本书是省部级示范性高等职业院校重点专业建设规划教材，是为适应现代高职教育培养应用型、技能型人才的需求，结合示范建设对专业改革发展的要求，按照教育部颁布的水力学实验课程标准编写完成的。本书是为水力学课程实验编写的教材，共分4个项目，包括水力学实验综合认知、水力学基础参数的测量、操作验证类实验、综合设计类实验等。

本书为高职高专水利水电建筑工程、水利工程、水利工程监理、水利工程施工、城市水利等专业的通用教材，也可作为其他专业教材或教学参考书，同时也可作为水利技术人员的学习参考用书。

**图书在版编目(CIP)数据**

水力学实验/朱李英主编. —郑州:黄河水利出版社，2014.7

省部级示范性高等职业院校重点专业建设规划教材

ISBN 978-7-5509-0844-4

Ⅰ.①水… Ⅱ.①朱… Ⅲ.①水力实验-高等职业教育-教材 Ⅳ.①TV131

中国版本图书馆CIP数据核字(2014)第183272号

组稿编辑:王路平　电话:0371-66022212　E-mail:hhslwlp@163.com

出 版 社:黄河水利出版社

地址:河南省郑州市顺河路黄委会综合楼14层　邮政编码:450003

发行单位:黄河水利出版社

发行部电话:0371-66026940、66020550、66028024、66022620(传真)

E-mail:hhslcbs@126.com

承印单位:河南地质彩色印刷厂

开本:787 mm×1 092 mm　1/16

印张:6.5

字数:150千字　印数:1—2 000

版次:2014年7月第1版　印次:2014年7月第1次印刷

定价:16.00元

# 前 言

本书是根据国家"十二五"教育发展规划纲要及《中共中央 国务院关于加快水利改革发展的决定》(2011 中央 1 号文件)、《国家中长期教育改革和发展规划纲要》(2010～2020 年)、《教育部关于全面提高高等职业教育教学质量的若干意见》(教高〔2006〕16 号)、《教育部关于推进高等职业教育改革创新引领职业教育科学发展的若干意见》(教职成〔2011〕12 号)等文件精神,按照现代水利职业教育要求,在总结水利类高等职业教育多年教学改革经验的基础上,在全国水利水电高职教研会指导下,结合示范建设对专业改革发展的要求编写的教材。

本套教材以学生能力培养为主线,融"教、学、练、做"为一体,体现实用性、实践性和创新性的特色,是一套紧密联系生产实际的高职高专教育精品规划教材。

水力学是水利类各专业的一门重要的专业基础课程,水力学教学包括理论教学和实验教学两部分。水力学实验实训在水力学学科发展中占有重要的地位,是整个水力学理论教学不可替代的环节。其重要性在于加强学生对水流现象的感性认识,验证所学理论,掌握基本的水力要素测试技术和方法,认知典型水流流态特征、特点,培养学生基本的实验技能和科学研究的严谨作风,为学生今后进一步深造和工作打下良好的基础。

目前,许多院校使用的是紧扣实验教学内容的实验报告,对实验中的测试技术和方法介绍总结较少。基于这方面的缺陷,本书编写过程中贯彻理论联系实际、学以致用的原则,注重实践创新,结合水力学开放实验的特点,力求教材内容符合学生的认知规律,便于学生独立操作。

本书是在教研室全体同仁多年的水力学理论教学和实验实训教学经验总结的基础上完成的。本书在编排上尽量由浅入深,在实验项目设计上具有较强的完整性、实用性、独立性、系统性、正确性和科学性,内容涵盖了水力学教学大纲要求的所有实验。

本书由四川水利职业技术学院承担编写工作,编写人员及编写分工如下:朱李英编写项目 1、项目 2、项目 3 任务 1 至任务 4,李娜编写项目 3 任务 5 至任务 15、项目 4 任务 1,王巧霞编写项目 4 任务 2 至任务 4。本书由朱李英担任主编并负责全书统稿,由李娜、王巧霞担任副主编,由田明武担任主审。张智涌、潘妮等老师对本书的编写提出了很好的建议和意见。

本书在编写过程中,学习和借鉴了很多参考书,同时得到了相关兄弟院校的大力支持,在此,对相关作者表示衷心的感谢!

对书中存在的不足之处,恳请读者批评指正,多提宝贵意见。

编 者
2014 年 5 月

# 目 录

# 项目1 水力学实验综合认知

## 任务1 水力学实验的任务和研究方法

### 1 水力学实验的任务

人们通过生产实践,逐步认识了自然现象的本质,经过总结提高,上升为理论,然后指导实践。水力学这门课程就是人类在长期与水害斗争中不断总结发展起来的。水力学的研究方法一般有理论分析、实验研究和数值模拟三种,由于水力学问题影响因素错综复杂,以及数学上求解的困难,许多实际流动问题目前还难以通过理论方法精确求解。而水力学实验就是人为地排除某些干扰,抓住主要因素,忽略次要因素,控制或模拟水流的各种现象,进行理论验证和探索水流规律的一种特定的科学实践活动。在实际工程中,利用模型实验来研究水的流动现象及其与建筑物的相互作用,从而验证及优化设计施工方案已经非常普遍。因此,水力学实验的任务不仅是配合理论课讲解、巩固和验证所学的理论知识,更重要的是使学生受到基本实验技能的训练和进行科学实验能力的培养。

实验实训的目的主要是培养学生三方面能力,即对水流的认知、基本实验能力和综合设计实验能力。水流认知的目的在于通过实验实训,让学生对实践中的典型水流流态、水流过程及其主要特征有一个较全面的认识,以便于在其他专业课程学习及实际工作中能够科学、合理地应用水流特点服务于学习工作,服务于实际工程;基本实验能力表现在一般的实验技能和操作技能方面;综合设计实验能力结合水力学知识及其工程应用,要求学生自行设计实验方案,利用实验装置综合分析,探索新知识,写出具有一定深度的实验报告,达到培养学生具有知识应用能力和创新能力的目的。

常规水力学实验实训室见图1-1。

(a) (b)

图1-1 常规水力学实验实训室

## 2　水力学实验的研究方法

按照运动的相对性理论，水力学实验研究的方法大体可以分为两类：一类是流体不动、物体运动的研究方法，如船舶和飞机的航行阻力实验等；另一类是物体不动、流体运动的研究方法，这种方法在水力学实验中得到广泛应用，如研究水流在不同边界条件下的水流流态等。

大多数实验一般在实验室利用通用实验设备进行，部分实验特别是生产性实验一般要在室内或室外修建的专门模型上进行。生产模型水力学实验见图1-2。

(a)　　(b)

图1-2　生产模型水力学实验

# 任务2　水力学实验的基本知识

实验是人们认识自然规律的重要手段，是科学研究的基础，是校验理论的主要途径。水力学实验的目的除培养能力、掌握测量技术外，主要是增加感性认识，验证、巩固、拓宽理论知识，提高理论分析的能力等。每个教学实验都有它一定的目的，只要具有严肃认真的态度，独立思考地完成，就能取得预期的效果。每个实验过程大体分为以下5个步骤：①根据实验目的，对照实验仪器，设计实验方案（包括操作程序）；②根据实验原理设计记录表格和计算表格；③按设计的实验方案进行实验，并将实验数据记录在表格内；④按规定对实验数据进行处理，得出实验结论，并进行误差分析；⑤编写实验报告。

为了能够达到培养学生实验能力的目的，实验前学生必需详细阅读实验指导书，参阅有关教材，明确实验目的和要求，熟悉实验仪器和设备、有关原理和实验步骤（指导书中未列出步骤的，学生必须自己拟定实验步骤并设计好记录表格）、注意事项等，做到实验前心中有数。下面主要介绍数据的记录、处理、误差分析和实验报告的整理等四个方面内容。

## 1　数据的记录

记录数据在实验过程中是一项非常重要的工作，它关系到整个实验的成败。在科学与工程中，该用几位有效数字来表示测量或计算结果，总是以一定位数的数字来表示。不是说一个数值中小数点后面位数越多越准确。实验中从测量仪表上所读数值的位数是有限的，在我们测量与计算的实践中，关于数字位数的取法应根据仪器的精度以及有效数字的运算法则来决定。

从仪器上读取数值时，在最小刻度值之间还应估读一位数字，估读的是欠准值。在估读的欠准值之前的数是准确数，是由仪表刻度指示的数字或数字仪表上稳定的数字。准确值和欠准值在一起构成有效数字的位数。例如，一般测压计的最小分划值为 1 mm，估读的欠准值可达 0.1 mm。因此，若测压计的读数是 154.3 mm，则有 4 位有效数字；如果压力不大，也可能只有 3 位有效数字或 2 位有效数字，如 76.5 mm 或 7.9 mm，但是无论如何也读不到小数点后的第二位数字。因而如有读数 76.55 mm，则末位读数是无意义的，就仪器本身的精度而言只能得到读数 76.5 mm；同时，也不能丢掉有效数字的位数，如欠准值正好是零时，应记为 76.0 mm，而不能记为 76 mm，否则就丢掉了一位有效数字。

有效数字有着明确的意义。如水银温度计读数正停在 14 ℃上时，应记为 14.0 ℃，意味着此时的温度可能是 13.9 ℃，也可能是 14.1 ℃，当然也可能是 14.0 ℃，如果将此时的温度记为 14 ℃，那意味着此时的温度可能是 13 ℃，也可能是 14 ℃。可见，这两种表示方法的意义是完全不一样的。也有另外一种情况，如某物体长度为 0.004 50 m，它的实际意义是 4.50 mm，有效数字是 3 位，如必须以 m 为度量单位，则应写成 $4.50\times10^{-3}$ m，有效数字仍为 3 位。

在 0.004 50 m 的表示中，小数点后面增加了两个“0”，并不能改变有效数字的位数。通常在这种情况下，采用 4.50 mm 或 $4.50\times10^{-3}$ m 两种写法。

因此，记录实验数据时，应根据有效数字的取舍法则来决定。

### 1.1 记录

（1）记录测量值时，只保留一位欠准值数字。

（2）一般在表示欠准值数字的末位上有 ±1 或 ±2 单位的误差。

（3）书写不带误差的任一数字时，由左起第一个不为零的数一直到最后一个数为止都是有效数字。如常数 π 的有效数字需要几位就写几位。

### 1.2 计算

不同位数的有效数字经过运算后取多少位？从直接测量取得读数以后，还需要进行各种运算，特别在用计算器计算所得的数据位数很多时，应如何取舍？对于进行运算后的结果的整理，其有效数字的取舍需要遵循下列原则。

（1）当有效数字位数确定后，其余数字一律舍弃。舍弃办法是四舍六入，即末位有效数字后边第一位小于 5，则舍弃不计；大于 5 则在前一位数上增 1；等于 5 时，前一位为奇数，则进 1 为偶数，前一位为偶数，则舍弃不计。这种舍入原则可简述为：“小则舍，大则入，正好等于奇变偶。”如保留 4 位有效数字：

3.717 29→3.717

5.142 85→5.143

7.623 56→7.624

9.376 56→9.376

（2）在加减计算中，各数所保留的位数，应与各数中小数点后位数最少的相同。例如，将 24.65、0.008 2、1.632 三个数字相加时，应写为 24.65 + 0.01 + 1.63 = 26.29。

（3）在乘除运算中，各数所保留的位数，以各数中有效数字位数最少的那个数为准；其结果的有效数字位数亦应与原来各数中有效数字最少的那个数相同。例如，0.012 1 ×

25.64 × 1.057 82 应写成 0.012 1 × 25.64 × 1.06 = 0.328。上例说明，虽然这三个数的乘积为 0.328 182 3，但只应取其积为 0.328。

(4)在对数计算中，所取对数位数应与真数有效数字位数相同。例如：lg3.474 = 0.540 8。

(5)大位数或特小位数可用 10 的次方表示。例如：$Re = 3.830 \times 10^5$，有效数字为 4 位，如写成 $Re = 383\ 000$，则有效数字就成了 6 位，与实验的精度不合。

(6)平均值的计算。在计算平均值时，若为 4 个或超过 4 个数相平均，则平均值的有效数字位数可增加一位。

(7)乘方与开方运算。在做乘方与开方运算时，运算结果要比原数据多保留一位有效数字。

## 2　数据的处理

数据的处理就是将收集的数据按照一定规律和形式表示成实验的成果，其表示方法主要有列表法、图形表示法、方程表示法三种。

### 2.1　列表法

将各变量之间的函数关系用表格的形式表示出来，实质上就是函数式的计算表格，所以又称函数表。列表时应注意按自变量增大或者减小的顺序排列，因变量与其一一对应，自变量间的差值要适当，差值过大使用时内插不准确，过小又会增大表格篇幅，表中应注明各变量的名称、符号和单位，必要时还要加上表注。

列表法的优点是简单易做，数据应用比较方便，在表中可以清楚地看出因变量和自变量的变化关系。例如，表 1-1 为纯水在一个标准大气压下容重 $\gamma$ 随温度 $t$ 的变化情况。

**表 1-1　纯水在标准大气压下的容重随温度的变化**

| 温度(℃) | 0 | 5 | 10 | 15 | 20 | 25 | 30 |
|---|---|---|---|---|---|---|---|
| $\gamma$(kN/m³) | 9.805 | 9.807 | 9.804 | 9.798 | 9.789 | 9.777 | 9.764 |
| 温度(℃) | 40 | 50 | 60 | 70 | 80 | 90 | 100 |
| $\gamma$(kN/m³) | 9.730 | 9.689 | 9.642 | 9.589 | 9.530 | 9.466 | 9.399 |

表 1-1 只是两个变量间的关系，在实际工作中，还有三个变量和四个变量间的列表法。

三个变量的列表法将表格中的第一行表示一个变量，第一列表示另一变量，表中其他各行列皆为第三变量，例如，表 1-2 中表示静水总压强 $p$ 和有压管长度及有压管倾斜程度的关系，由式(1-1)列表，式中 $\gamma$ 为水的容重，取 $\gamma = 9.8\ \text{kN/m}^3$。

$$p = \gamma L \sin\alpha \tag{1-1}$$

四个变量的列表法一般由几张表格组成一组表格，列表时将变化范围小、连续性差的变量按一定差值记在表格顶部，然后按照三个变量的列表方法进行列表。

例如，水力学中的谢才 - 曼宁公式含 $v$、$n$、$R$、$i$ 四个变量，列表时将 $n$ 以一定差值放在表顶部，如 $n$ 为 0.02、0.022 5、0.025…，按三变量列成表 1-3 形式的表格。

表 1-2 三个变量列表法

| L(m) | α(°) | | | |
|---|---|---|---|---|
| | 30 | 45 | 60 | 90 |
| 0.1 | 0.49 | 0.69 | 0.85 | 0.98 |
| 0.2 | 0.98 | 1.39 | 1.70 | 1.96 |
| 0.3 | 1.47 | 2.08 | 2.55 | 2.94 |

$$v = \frac{1}{n}R^{\frac{2}{3}}i^{\frac{1}{2}} \tag{1-2}$$

式中 $v$——断面平均流速,m/s;

$R$——水力半径,m;

$n$——反映壁面粗糙对水流影响的系数,称为粗糙系数或糙率;

$i$——明渠底坡坡度。

列表法最多只能用于四个变量的函数式,所以有一定的局限性。

表 1-3 四个变量列表法

| R(m) | n=0.022 5 | | | | | |
|---|---|---|---|---|---|---|
| | i | | | | | |
| | 0.000 1 | 0.000 2 | 0.000 3 | 0.000 4 | 0.000 5 | 0.000 6 |
| 1 | 0.444 | 0.629 | 0.770 | 0.889 | 0.994 | 1.089 |
| 2 | 0.706 | 0.998 | 1.222 | 1.411 | 1.578 | 1.728 |
| 3 | 0.924 | 1.307 | 1.601 | 1.850 | 2.067 | 2.265 |
| 4 | 1.120 | 1.584 | 1.940 | 2.240 | 2.504 | 2.743 |
| 5 | 1.300 | 1.838 | 2.251 | 2.599 | 2.906 | 3.183 |

同时,在列表时应注意以下问题:

(1)表的名称及说明。表的名称应简明扼要,一看就可知其内容。如遇过简不足以说明意愿,应在名称下面或表的下面附以说明,并注明数据来源及实验条件。

(2)表的项目。表的项目应包括名称和单位,一般在不加说明即可了解的情况下,应尽量用符号表示。表内主项习惯代表自变量,副项代表因变量。一般以实验中能够直接测量的物理量作自变量。

(3)数值的写法。数值的写法应注意整齐统一,有效数字位数取舍适当。同项内的数值小数点位置上下应对齐。如有效数字位数相同,但各数值间的变化为数量的变化,则用10的次方表示较为方便。

(4)自变量间距的选择。列表时,自变量常取整数或其他方便值,按增加或减少的顺序排列。

## 2.2 图形表示法

根据实验测得的数据点绘成曲线(或直线)图形,表示变量之间的关系,其优点是变量间的关系明显直观,数据应用方便,并能显示出最大、最小和转折点等情况。所以对实验工作有启示作用,根据实验数据作图时一般要注意以下几点。

(1)图纸的选用。常用的图纸有等分直角坐标纸、双对数坐标纸、半对数坐标纸,究竟选用哪种,应根据实际情况而定。在图形中直线最容易绘制,而且使用方便,因此对于幂函数型曲线,可以采用双对数坐标纸;指数型函数曲线,可采用半对数坐标纸,这样曲线图形就变成直线图形,其实质就是将幂函数和指数函数经过对数变换称为直线函数。

(2)纵横坐标比例尺的确定一般以横坐标表示自变量,纵坐标表示因变量。确定比例尺大小的原则是所有实验点都能在坐标轴上定出来,并考虑实验点的精度,使图纸上绘出的曲线(或直线)接近于1的斜率,或使曲线的坡度位于图纸上30°~60°,为了符合上述要求,根据实验数据采用不同的纵横比例尺进行试绘,符合要求后确定纵横比例尺。

(3)在坐标轴上要标注变量名称、符号、单位,并将实验数据点绘在图纸上,若数据的种类或者来源不同,要用不同的点符加以区别。

(4)根据实验点连曲线,在连曲线之前,要详细观测诸实验点的分布趋势,然后绘出一条光滑曲线,使位于曲线两边的实验点基本相等和两边实验点至曲线的垂线距离的总和大致相等。如在一张图纸上有几条曲线,应分别用不同的线加以区别,以免混乱。

(5)对图中不同线型和不同实验点符所代表的资料或者来源应加以注释,必要时对图还要加以简单的说明,以便应用。

例如,对表1-1中纯水在一个标准大气压下容重 $\gamma$ 随温度 $t$ 的变化用图形表示如图1-3所示。

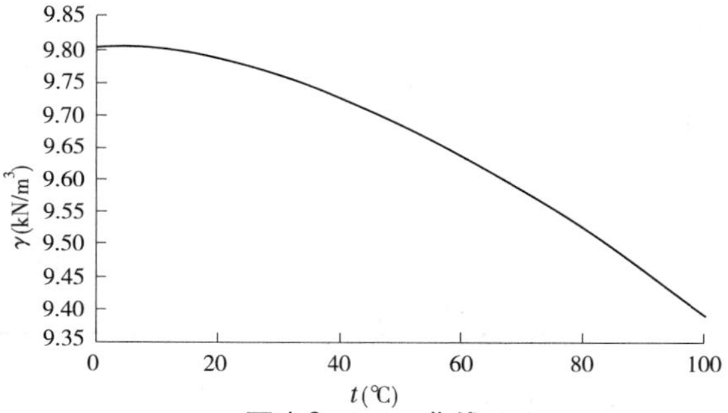


图1-3 $\gamma$—$t$ 曲线

### 2.3 方程表示法

列表法和图形表示法往往就事论事,不能深刻地反映变量间的内在联系,为了克服这一点,可采用方程表示法。将实验数据中因变量和自变量间的变化关系,用数学方程的形式表示出来,称为回归方程(或经验公式),回归方程有直线回归方程和曲线回归方程。

#### 2.3.1 一元线性回归

如两个变量之间呈线性,则为一元线性回归。在水力学实验中,一元线性回归问题大量存在,最基本也最广泛,且许多非线性的一元回归问题仍可转化为线性问题处理。

对于两个变量 $x$ 和 $y$,将实验观测到的 $n$ 组数据 $(x_1,y_1)$、$(x_2,y_2)$、…、$(x_n,y_n)$ 点绘在坐标纸上,如果变量之间大致呈现线性关系,则采用一元线性回归。

相关直线称为变量 $y$ 对 $x$ 的回归直线,也叫 $y$ 对 $x$ 的回归方程。线性回归方程可以表示为

$$y = a + bx \tag{1-3}$$

式中 $a$、$b$——待定系数。

#### 2.3.2 一元非线性回归

若两变量之间的回归关系是非线性的,这种回归关系称为一元非线性回归。建立一元非线性回归曲线方程的步骤如下:①确定回归曲线的类型,一般根据理论推导或以往实

际经验或样本实验数据的散点图的形状来选择,常用的曲线类型有指数函数曲线、幂函数曲线、对数函数曲线和双曲函数曲线等,在许多情况下,可以通过变量代换转化为线性回归;②确定回归方程中的回归系数。

(1)指数函数曲线。

指数函数为

$$y = ae^{bx} \quad (a > 0) \tag{1-4}$$

设

$$Y = \ln y \tag{1-5}$$

则

$$Y = \ln a + bx \tag{1-6}$$

由此可知,$(x,y)$点绘在半对数坐标纸上的散点图成一直线,作线性回归确定参数 $\ln a$ 和 $b$ 后再代回 $Y=\ln y$,即可求得 $y$ 和 $x$ 的回归指数方程。

(2)幂函数曲线。幂函数(如图1-4所示)为

$$y = ax^{b} \quad (a > 0) \tag{1-7}$$

显然,$(x,y)$点绘在双对数坐标纸上的散点图成一直线,从而可用线性回归法求出系数 $\lg a$ 及 $b$,再利用坐标变换关系,求得 $x$ 与 $y$ 的幂函数回归方程。

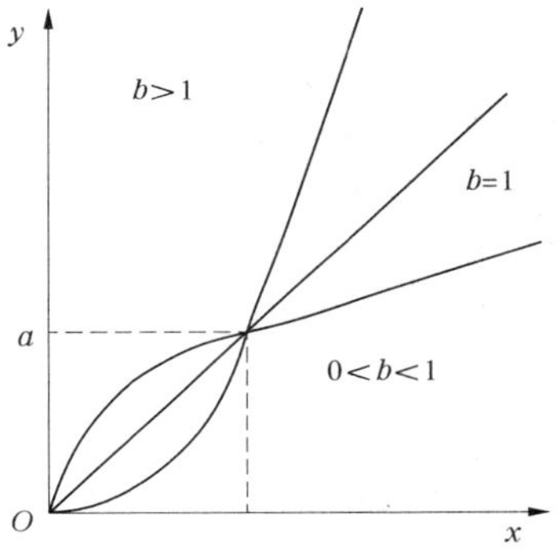


图1-4 幂函数曲线

(3)对数函数曲线。对数函数(如图1-5所示)为

$$y = a + b\lg x \tag{1-8}$$

令 $X=\lg x, Y=y$,则

$$Y = a + bX \tag{1-9}$$

即可化为线性方程。

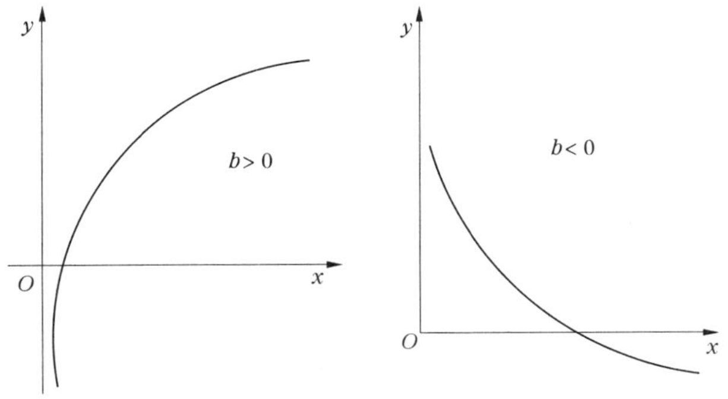


图1-5 对数函数曲线

(4)双曲函数曲线。双曲函数曲线(如图1-6所示)为

$$\frac{1}{y} = a + \frac{b}{x} \tag{1-10}$$

令 $X=\dfrac{1}{x}, Y=\dfrac{1}{y}$,即得

$$Y = a + bX \tag{1-11}$$

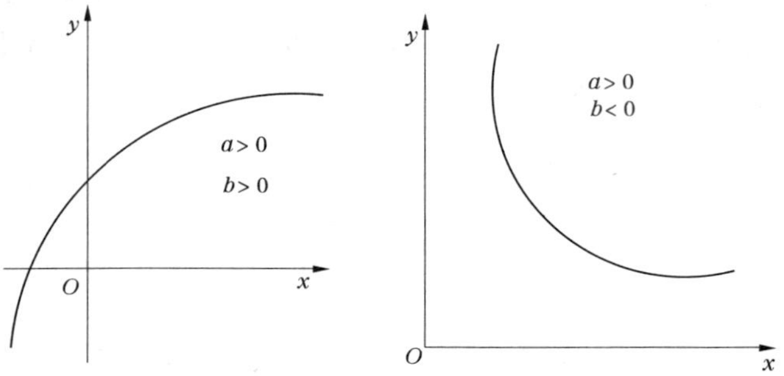


图 1-6　双曲函数曲线

## 3　实验数据的误差分析

由于实验方法和实验设备的不完善、周围环境的影响，以及人的观察力、测量程序等的限制，实验观测值和真值之间总是存在一定的差异。人们常用绝对误差、相对误差或有效数字来说明一个近似值的准确程度。为了评定实验数据的精确性或误差，认清误差的来源及其影响，需要对实验的误差进行分析和讨论。由此可以判定哪些因素是影响实验精确度的主要方面，从而在以后的实验中，进一步改进实验方案，缩小实验观测值和真值之间的差值，提高实验的精确性。

### 3.1　误差的分类

根据误差的性质和产生的原因，一般分为三类：

(1)系统误差。系统误差是指在测量和实验中未发觉或未确认的因素所引起的误差，而这些因素影响结果永远朝一个方向偏移，其大小及符号在同一组实验测定中完全相同，当实验条件一经确定，系统误差就获得一个客观上的恒定值。

改变实验条件就能发现系统误差的变化规律。

系统误差产生的原因：测量仪器不良，如刻度不准，仪表零点未校正或标准表本身存在偏差等；周围环境的改变，如温度、压力、湿度等偏离校准值；实验人员的习惯和偏向，如读数偏高或偏低等引起的误差。针对仪器的缺点、外界条件变化影响的大小、个人的偏向，待分别加以校正后，系统误差是可以清除的。

(2)随机误差。在已消除系统误差的一切量值的观测中，所测数据仍在末一位或末两位数字上有差别，而且它们的绝对值和符号时大时小，时正时负，没有确定的规律，这类误差称为偶然误差或随机误差。随机误差产生的原因不明，因而无法控制和补偿。但是，倘若对某一量值作足够多次的等精度测量后，就会发现随机误差完全服从统计规律，误差的大小或正负的出现完全由概率决定。因此，随着测量次数的增加，随机误差的算术平均值趋近于零，所以多次测量结果的算术平均值将更接近于真值。

(3)过失误差。过失误差是一种显然与事实不符的误差，它往往是由实验人员粗心大意、过度疲劳和操作不正确等因素引起的。此类误差无规则可寻，只要加强责任感、多方警惕、细心操作，过失误差是可以避免的。

### 3.2　误差的表示方法

利用任何量具或仪器进行测量时总存在误差，测量结果不可能总是准确地等于被测量的真值,而只是它的近似值。测量的质量高低以测量精确度作指标,根据测量误差的大小来估计测量的精确度。测量结果的误差愈小,则认为测量就愈精确。

### 3.2.1 绝对误差

测量值 $x$ 和真值 $x_0$ 之差为绝对误差,通常称为误差,记为

$$\varepsilon = x - x_0 \tag{1-12}$$

式中 $\varepsilon$——绝对误差;

$x$——测量值;

$x_0$——真实值。

绝对误差可以是正值或负值。所谓真实值(真值),是指在某一时间和空间状态中体现某一物理量的客观值,所以真值是一个理想概念的数值,一般是不知道的。但某些特定情况下真值又是可知的,例如平面三角形内角之和为180°,一个整圆周角为360°等,一般采用多次测量的算术平均值作为真值。

### 3.2.2 相对误差

为了统一评定测量值的精确度,一般采用相对误差这个概念。绝对误差与被测量物理量的真值之比称为相对误差:

$$\delta = \frac{x - x_0}{x_0} \times 100\% \tag{1-13}$$

式中 $\delta$——相对误差;

其他符号含义同前。

相对误差为一无因次量,一般以百分数来表示。由于真值一般情况下无法知道,因此相对误差也可近似地用绝对误差与测量值的均值之比作为相对误差,即

$$\delta = \frac{\varepsilon}{\bar{x}} \times 100\% \tag{1-14}$$

### 3.2.3 引用误差

引用误差是一种简化的和使用方便的相对误差,常常在多档和连续刻度的仪器仪表中使用。这类仪表可测范围是一个量程,各刻度点的值称为示值,该值与其对应的真值都不一致,为了便于计算和划分准确度等级,一律使用引用误差概念,即

$$\delta_A = \frac{\text{示值绝对误差}}{\text{量程范围}} \times 100\% = \frac{d}{X_n} \times 100\% \tag{1-15}$$

式中 $d$——示值绝对误差;

$X_n$——标尺上限值-标尺下限值。

在水力学实验中最常用的U形管压差计、转子流量计、秒表、量筒、电压等仪表原则上均取其最小刻度值为最大误差,而取其最小刻度值的1/2作为绝对误差计算值。

### 3.2.4 精密度、准确度和精确度

精密度反映偶然误差大小的程度,准确度反映系统误差大小的程度,精确度反映综合误差大小的程度。

在一组测量中,精密度高的准确度不一定高,准确度高的精密度也不一定高,但精确度高,则精密度和准确度都高。

为了说明精密度与准确度的区别,可用下述打靶子例子来说明。

如图 1-7 所示,图 1-7(a)中表示精密度和准确度都很好,则精确度高;图 1-7(b)表示精密度很好,但准确度却不高;图 1-7(c)表示精密度与准确度都不好。在实际测量中没有像靶心那样明确的真值,而是设法去测定这个未知的真值。

在测量中应尽量做到偶然误差与系统误差均较小,即综合误差小,从而精确度高。

在测量过程中,除疏忽误差外,系统误差与随机误差通常是同时发生的。系统误差可以用各种方法加以消除;过失误差表现反常,可以直接剔除。

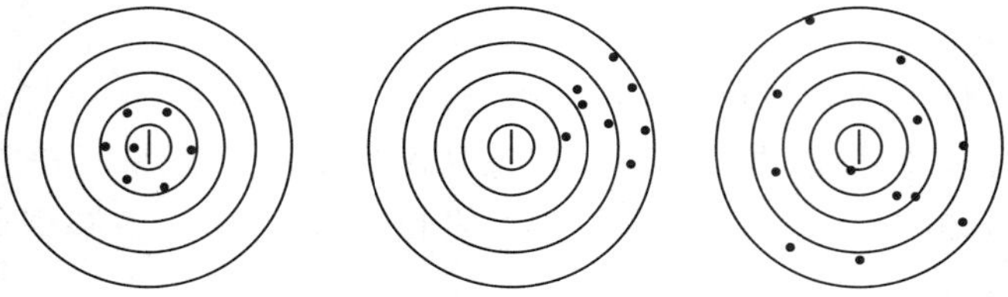

(a) (b) (c)

图 1-7 精密度和准确度的关系

## 3.3 误差分析

### 3.3.1 统计特征值

水力学实验所测的数据,因偶然因素的影响,是随机的。因此,必须运用数理统计的方法加以分类、归纳,找出其规律性。最能反映数理统计规律性的有两类统计特征值,第一类是平均值,它显示数据的集中位置;第二类为离差,它表示数据的离散程度。

#### 3.3.1.1 平均值

平均值有算术平均值和几何平均值两类。平均值用来作为总体的特征值时,叫作参量;用来作为样本的特征值时,叫作统计量。

设 $x_1$ , $x_2$ ,…, $x_n$ 为各次测量值, $n$ 代表测量次数,其最佳近似值为算术平均值,即

$$\bar{x} = \frac{x_1 + x_2 + \cdots + x_n}{n} = \frac{\sum_{i=1}^{n} x_i}{n} \tag{1-16}$$

算术平均值计算简单,并可据以进一步作代数演算,因此是一种最常用的平均值。将 $n$ 个测量值连乘并开 $n$ 次方求得的结果为几何平均值,即

$$\bar{x}_n = \sqrt[n]{x_1 x_2 \cdots x_n} \tag{1-17}$$

几何平均值的求法不便,当资料中有零值或负值时,无法求得几何平均值,故应用不广。

#### 3.3.1.2 离差

可采用不同的参数来表征离差。最常用的为标准误差、平均误差和概率误差。

(1)标准误差。

标准误差(简称标准差)又称均方误差(简称均方误)。标准差 $\sigma$ 是 $n$ 个测量数据根据其平均值之差的平方和的平均值的平方根,即

$$\sigma = \sqrt{\frac{\sum_{i=1}^{n} (x_i - \bar{x})^2}{n}} = \sqrt{\frac{\sum_{i=1}^{n} \nu_i^2}{n}} \tag{1-18}$$

式中 $\nu_i$——残差，$\nu_i = x_i - \bar{x}$。

由式(1-18)可知，均方差 $\sigma$ 大意味着数据的离散程度大。当观测次数较多时，$\sigma$ 可用式(1-19)计算：

$$\sigma = \sqrt{\frac{\sum_{i=1}^{n}(x_i - \bar{x})^2}{n-1}} \tag{1-19}$$

该式不取决于观测中个别误差的符号，对观测值中的较大误差或较小误差的反应比较灵敏，故是表示测量误差的常用方法。

(2)平均误差。

平均误差 $\eta$ 是残差的绝对值的算术平均值，即

$$\eta = \frac{\sum_{i=1}^{n}|\nu_i|}{n} \tag{1-20}$$

平均误差计算比较简单，但无法表示各次观测间彼此符合的情况。如一组观测值中，偏差较接近，而另一组观测值偏差有大、中、小三种，但这两组不同观测所得的平均误差可能相同，所以只有当 $n$ 很大时才叫可靠。

(3)概率误差。

将误差按绝对值的大小顺序排列，序列的中间数就是概率误差。

(4)离散系数。

标准差 $\sigma$ 或平均误差 $\eta$ 与算术平均值 $\bar{x}$ 之比称为离散系数：

$$V = \frac{\sigma}{\bar{x}} \times 100\% \tag{1-21}$$

$$V = \frac{\eta}{\bar{x}} \times 100\% \tag{1-22}$$

标准差或平均误差是有因次数，不便于相互比较，采用离散系数后，变为无因次数，就可以对两组标准差单位不同或同一组但标准差绝对值不同的离散度进行比较分析。

3.3.2 随机误差的特点和分布

对某一物理参数进行多次重复测量，会得到一系列含有随机误差的测量值。随机误差对个体而言，时大时小，似乎没有什么规律，但就总体而言，却具有统计规律性。因此，需要用概率理论来研究随机误差的统计规律，以便设法估计出随机误差对测量结果总的影响程度。

对随机误差所做的概率统计进行处理是在假定系统误差不存在或已被消除或小得可以忽略不计的情况下进行的。

3.3.2.1 随机误差的特点

(1)绝对值小的误差比绝对值大的误差出现的机会多，即误差的概率与误差的大小有关。这是误差的单峰性。

(2)绝对值相等的正误差或负误差出现的次数相当，即误差的概率相同。这是误差的对称性。

(3)极大的正误差或负误差出现的概率都非常小，即大的误差一般不会出现。这是

误差的有界性。

(4)随着测量次数的增加,偶然误差的算术平均值趋近于零。

3.3.2.2　随机误差的分布

根据随机误差的统计特性,可以采用不同的方法推导随机误差分布规律的数学模型。大量实践证明,多数随机误差都服从正态分布规律,加之用正态误差定律比其他误差定律更便于处理,故正态分布的误差定律得到了广泛应用。由于最早提出正态误差定律的是高斯,故又称高斯误差定律。

设 $x_1, x_2, \cdots, x_n$ 是被测量 $x$ 所进行的 $n$ 次观测值,令其算术平均值为 $\bar{x}$,标准差为 $\sigma$,则正态分布的随机误差的分布密度函数为

$$f(x) = \frac{1}{\sqrt{2\pi}\sigma}e^{-\frac{x^2}{2\sigma^2}} = \frac{h}{\sqrt{\pi}}e^{-h^2x^2} \tag{1-23}$$

式中　$f(x)$——随机误差 $x$ 的概率密度;

$h$——精确度指数,$h = \frac{1}{\sqrt{2}\sigma}$。

正态分布的密度函数的图形如图 1-8 所示,称为误差曲线。$\sigma$ 越小,测量精度越高,分布曲线的峰越高且窄;$\sigma$ 越大,分布曲线越平坦且越宽。由此可知,$\sigma$ 越小,小误差占的比重越大,测量精度越高。反之,则大误差占的比重越大,测量精度越低。

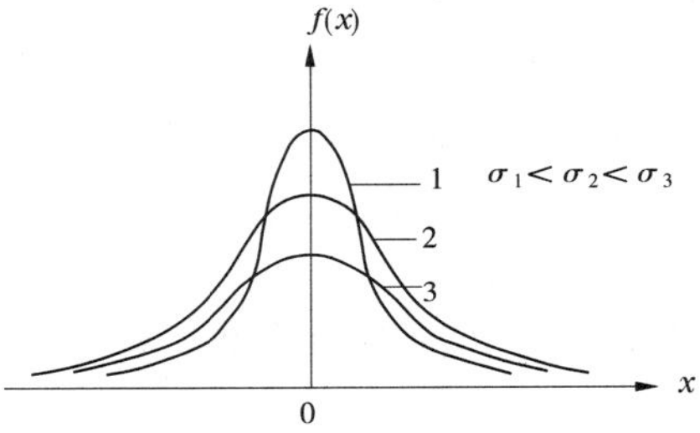


图 1-8　误差曲线

由概率积分知,随机误差正态分布曲线下的全部积分相当于全部误差同时出现的概率,即

$$P = \frac{1}{\sqrt{2\pi}\sigma}\int_{-\infty}^{\infty} e^{-\frac{x^2}{2\sigma^2}}dx = 1 \tag{1-24}$$

若误差 $x$ 以标准误差 $\sigma$ 的倍数表示,即 $x = t\sigma$,则在 $\pm t\sigma$ 范围内出现的概率为 $2\Phi(t)$,超出这个范围的概率为 $1 - 2\Phi(t)$。$\Phi(t)$称为概率函数,表示为

$$\Phi(t) = \frac{1}{\sqrt{2\pi}}\int_0^t e^{-\frac{t^2}{2}}dt \tag{1-25}$$

表 1-4 和图 1-9 给出几个典型及其相应的超出或不超出 $|x|$ 的概率。

表 1-4　误差概率和出现次数

| $t$ | $\lvert x\rvert = t\sigma$ | 不超出 $\lvert x\rvert$ 的概率 $2\Phi(t)$ | 超出 $\lvert x\rvert$ 的概率 $1-2\Phi(t)$ | 测量次数 $n$ | 超出 $\lvert x\rvert$ 的测量次数 |
|---|---|---|---|---|---|
| 0.67 | $0.67\sigma$ | 0.497 14 | 0.502 86 | 2 | 1 |
| 1 | $\sigma$ | 0.682 69 | 0.317 31 | 3 | 1 |
| 2 | $2\sigma$ | 0.954 50 | 0.045 50 | 22 | 1 |
| 3 | $3\sigma$ | 0.997 30 | 0.002 70 | 370 | 1 |
| 4 | $4\sigma$ | 0.999 91 | 0.000 09 | 11 111 | 1 |

由表 1-4 知，当 $t=3$，$|x|=3\sigma$ 时，在 370 次观测中只有 1 次测量的误差超过 $3\sigma$ 范围。在有限次的观测中，一般测量次数不超过 10 次，可以认为误差大于 $3\sigma$，可能是由过失误差或实验条件变化未被发觉等引起的。因此，凡是误差大于 $3\sigma$ 的数据点予以舍弃。

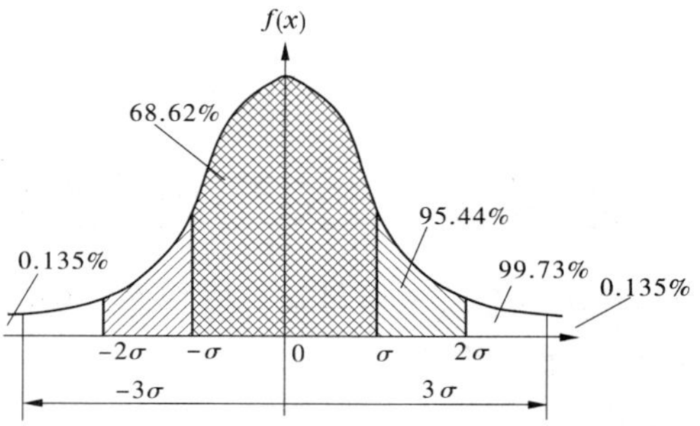


图 1-9　误差分布曲线的积分

3.3.2.3　间接测量的误差估计

上述讨论主要是直接测量的误差计算问题，但在许多场合下，往往涉及间接测量的变量，所谓间接测量是通过直接测量的量之间有一定的函数关系，并根据函数确定间接测量的变量。因此，间接测量值就是直接测量得到的各个测量值的函数。其测量误差是各个测量值误差的函数。

根据误差传递规律，我们给出了几个常见复合量的标准误差：

(1) 和数 $(x_1+x_2)$ 的均值标准误差等于 $\sqrt{\sigma^2_{\bar{x}_1}+\sigma^2_{\bar{x}_2}}$；

(2) 差数 $(x_1-x_2)$ 的均值标准误差等于 $\sqrt{\sigma^2_{\bar{x}_1}+\sigma^2_{\bar{x}_2}}$；

(3) 倍数 $kx_1$ 的均值标准误差等于 $k\sigma_{\bar{x}_1}$；

(4) 积 $x_1x_2$ 的均值标准误差等于 $\sqrt{x_1^2\sigma^2_{\bar{x}_2}+x_2^2\sigma^2_{\bar{x}_2}}$。

## 4　实验报告的整理

实验报告是实验成果的如实反映，因此要求在整理实验报告时，尊重科学，忠于原始观察资料，严禁任意修改数据，抄袭他人成果，对实验结果要进行分析判断，发现错误要重做。书写要工整，文句要简明，计算、绘图要准确，在报告上要写清楚实验名称，必要时在报告最后加以说明。

教学实验报告大体内容包括以下几个方面：①实验目的；②实验仪器（包括仪器编号、草图或剖面图）；③简述实验原理，列出所用公式，并根据公式设计出合理的记录表格；④水流现象的描述及实验原始记录；⑤按规定对实验数据进行处理；⑥分析实验结果，得出实验结论，并进行误差分析；⑦回答思考问题。

创新性、设计性实验报告内容大体包括以下几个方面：①研究内容概述及实验任务；②确定实验方案；③模型设计、制造；④水流现象的描述及实验原始记录；⑤按规定对实验数据进行处理；⑥分析实验结果及建议；⑦参考文献。

# 项目 2　水力学基础参数的测量

实验实质上就是对各水力要素进行实验性探究,因此实验本身不仅是定性地观察水流现象,更重要的是对各水力要素进行一系列定量测量工作,从一系列测量数据中分析研究出水流运动各要素间的内在规律,这样才能达到水力学实验的目的。

在水力学实验中,经常需要量测的量有水位、流速、流量、压强等。本章主要介绍这些量的测量原理和基本方法。

量测的方法可分为直接测量法和间接测量法。直接测量法就是根据被测量量的基本定义,由测量数据直接决定该量的大小。例如,对恒定水位的测量,可把测尺插入水中,读出水面读数便可。间接测量法就是用测量的数据,经过一定的函数关系进行换算得到所求的量。例如,在测量经过某一断面的水量及经过的时间之后,用二者的比值算出流量。

## 任务 1　水位测量

在水力学实验和科研中,经常需要量测水位。随着水流运动状态的不同,水流表面的特性也有区别,测量时应针对不同特点来选取比较合适的量测仪器和量测方法。

### 1　测尺法

直接用标尺插入水中或在玻璃水槽、玻璃测压管外面测取水位读数的方法称为测尺法。此法简单易行,但由于表面张力和水面波动的影响,精度较低。

### 2　测针法

水位测针(如图 2-1 所示)是水力学实验室测量水位最常用的设备,其结构简单,使用方便,精度可达 0.1 mm。测量时测针杆能上下移动,以测针尖直接测量水位,或用测针筒将水引出,在筒内进行测读。前者测读简捷,但水面波动对读数的影响较大;后者水面平静,测量精度较高。若需测量水面线,可将测针安装在活动测针架上,使其沿着校平导轨前后、左右滑动,以便测得任意断面处的水深或水位。使用测针时,应注意以下几点:

(1)当水位略有波动时,应测量最高水位与最低水位多次,然后取其平均值;

(2)测针尖端勿过于尖锐,以半径为 0.25 mm 的圆尖为宜;

(3)测针安装时必须竖直牢固,轨道必须水平或稳固;

(4)经常检查测针有无松动、针尖有无变形;

(5)向下驱动测杆应多加小心,以免用力过猛,针尖触底而弯曲。

### 3　测压管法

测压管是用来量测某过流断面水位的。测压管是根据连通管原理制作的,它由测压

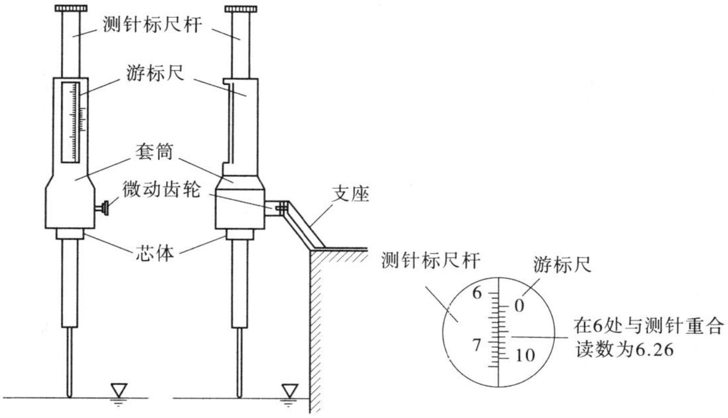

(a)正视图 (b)侧视图 (c)游标尺大样图

**图 2-1 水位测针示意图**

孔、连通管与测压管等组成,如图 2-2 所示。测压管一般多用玻璃管,管后附有刻度尺或者管中装有测针来量测液面的高程。要注意的是,玻璃不宜太细,以内径大于 10 mm 为宜,以免由于毛细现象及表面张力的影响使读数不准。管的内径必须均匀,如用多管组成测压管组,各管内径也要相等,否则毛细管升高将有不同。

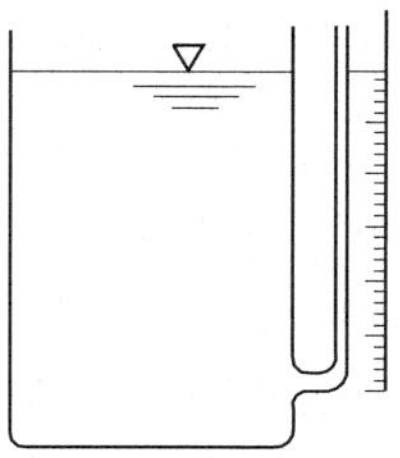

**图 2-2 测压管**

测压孔为在盛水容器的底板或侧壁等处开设的径向小孔,孔径一般大于 2 mm,使之不易堵塞;并连接防锈材质的短管,用套在短管上的橡皮软管引出,外接一个玻璃管即为测压管。此时,玻璃管内水位必将与容器、水槽内部水位同高,利用安装在测压管旁边的标尺即可读出容器的水位。

## 4 浮子式水位计

浮子式水位计以浮子感测水位变化,工作状态下,浮子、平衡锤与悬索连接牢固,悬索悬挂在水位轮的“V”形槽中。平衡锤起拉紧悬索和平衡作用,调整浮子的配重可以使浮子工作于正常吃水线上。在水位不变的情况下,浮子与平衡锤两边的力是平衡的。当水位上升时,浮子产生向上的浮力,使平衡锤拉动悬索带动水位轮作顺时针方向旋转,水位编码器的显示读数增加;水位下降时,则浮子下沉,并拉动悬索带动水位轮作逆时针方向旋转,水位编码器的显示器读数减小。其原理如图 2-3 所示。

## 5 光纤水位计

光纤水位计包括水位计传感器部分和控制电路终端部分,如图 2-4 所示。其中,水位计传感器部分采用光路耦合调节设备与光缆连接用于传递承载水位信息的光信号,控制电路终端部分采用激光调制技术,发送不同功能的调制激光信号,通过调制、对比与检测,获得水位的准确信息。这一原理实现了全程光测量,在室外不使用任何带电器件,可以杜绝静电危害,防止雷电击毁。

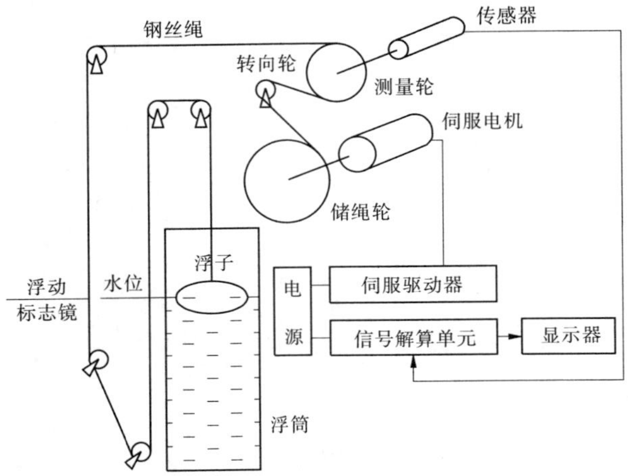


图 2-3 浮子式水位计原理

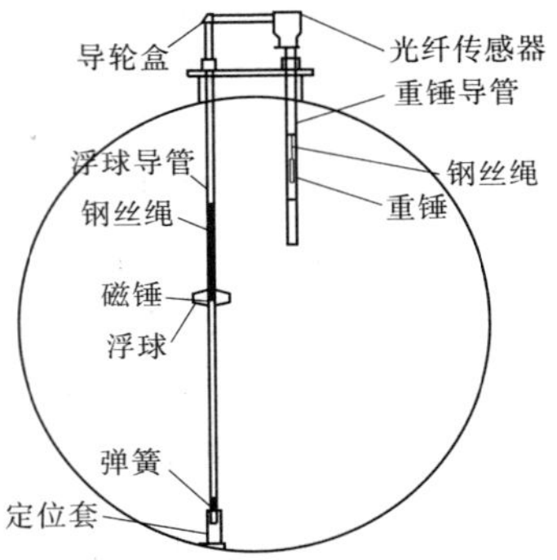


图 2-4 光纤水位计原理

## 6 OTT RLS 雷达水位计

OTT RLS 雷达水位计是一款非接触式水位计,采用脉冲雷达技术对水位进行测量,这种节能、非接触式的测量技术使得 OTT RLS 雷达水位计在测量时不受温度梯度、水中污染物以及沉淀物的影响,因而可以获取精确的测量结果。

OTT RLS 雷达水位计采用节能脉冲雷达技术测量液位,如图 2-5所示,前夹板中有发射和接收两个平滑天线,每次测量时发射天线发射雷达脉冲信号到水面,脉冲信号经水面反射后被接收天线检测到。从发射到接收到水面反射回来的脉冲信号的时间(延迟时间)取决于 OTT RLS 雷达水位计跟水面的距离,OTT RLS 雷达水位计就是利用延迟时间与水面距离之间的线性关系来实现液位(距离值)的测量。

(a)实物图

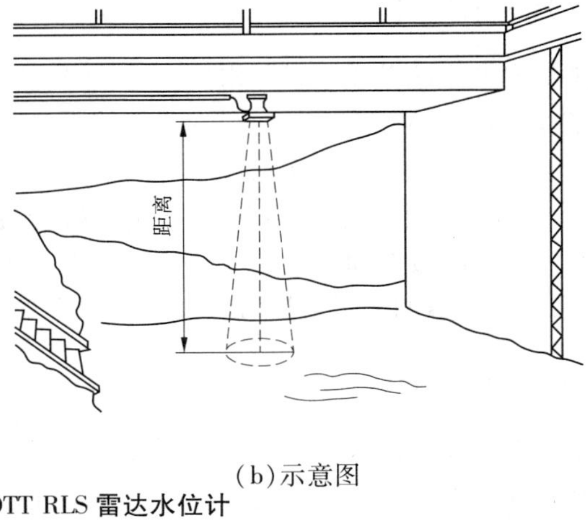


(b)示意图

图 2-5 OTT RLS 雷达水位计

OTT RLS 雷达水位计以极低的能耗、宽广的供电范围以及标准化的接口使得 OTT RLS 雷达水位计能适应多种需求,它可以很简单地连接到数据记录仪或者远程数据采集系统,同时还拥有高达 35 m 的高量程。

除以上常规的水位监测仪外,随着流动测量技术的发展,还有压力式水位计、跟踪式水位计等。

# 任务2 流速测量

## 1 毕托管法

毕托管是实验室最常用的测速设备之一，适用于测 10 cm/s 以上的稳定流速。毕托管由测速管（动压管）和测压管（静压管）两部分组成。测量时将测速管的一端正对着来流方向，另一端垂直向上，这时测速管中上升的液柱比测压管内的液柱高，这个差值即为全压水头和静压水头之差为 $\Delta h$，只要测量出 $\Delta h$，根据公式 $v = c\sqrt{2g\Delta h}$，$c$ 为毕托管校正系数，一般由率定实验确定，就可以确定相应点的流动速度，如图2-6所示。

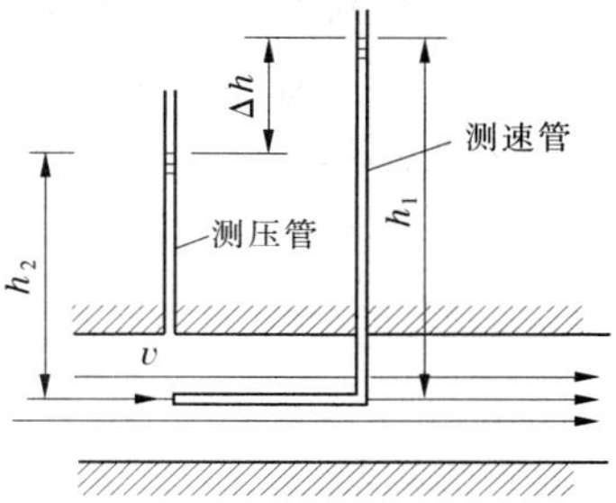


图2-6 毕托管流速仪原理

使用毕托管时，在静水中两管的水压差应为零，否则毕托管内存有气泡，此时应采取措施予以排除。使用过程中，切勿露出水面，以防漏气。

## 2 微型旋桨式流速仪法

旋桨式流速仪主要用于量测明渠稳定流速，实验室用的一般是微型旋桨式流速仪，它由传感器、计算器及有关仪表组成，如图2-7所示。量测时，旋桨放入水流测点处并对准水流方向，水流作用于流速仪的旋桨时，由于它的迎水面的各部分受到的水压力不同而产生压力差，以致形成一转动力矩，旋桨将产生转动。流速越大，转动越快。流速与转速间有如下线性关系：

$$v = k\frac{N}{T} + C \qquad (2\text{-}1)$$

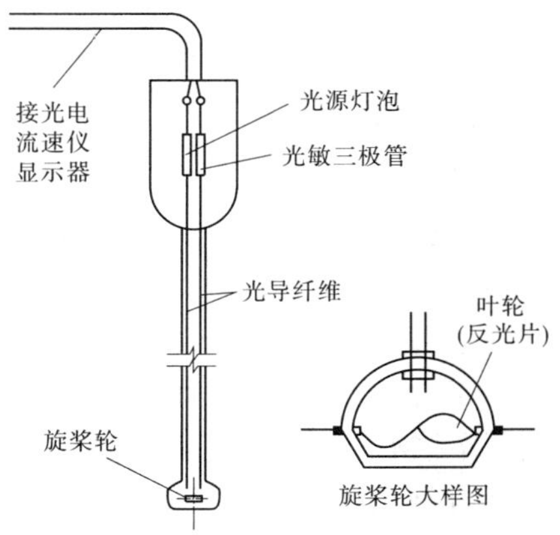


图2-7 光电式旋桨流速仪示意图

式中 $v$——测点流速，m/s；

$N$——流速仪在 $T$ 历时内的总转数，一般以接收到的信号数乘以每一信号所待变的转数求得；

$T$——测速历时，s，为了消除流速脉动影响，一般不小于 100 s；

$k$、$C$——流速仪常数，流速仪出厂时由厂家率定并标注于铭牌或说明书中，当流速仪使用一定次数后，应送有关部门重新率定。

按能量转换原理不同，也就是叶轮旋转计数方式不同，旋桨式流速仪可分为电阻式、电感式和光电式等，其中光电式在流通实验中获得较普遍的使用。在水流含沙量较大或漂浮物较多时，旋桨式流速仪易产生缠绕等问题，使用中应加以注意。

## 3 超声波流速仪

超声波流速仪是采用被称为多普勒效应的物理原理测量流速的，即如果声源相对于声波接收器移动，则声波接收器处的声音频率可按一定比例由声波发射频率转换得到：

$$F_{\text{doppler}} = -F_{\text{source}}\frac{v}{c}$$

式中 $F_{\text{doppler}}$——经多普勒效应转换后的接收频率；

$F_{\text{source}}$——声源发射波的频率；

$v$——声源相对于声波接收器的运动速度；

$c$——声波在水中的传播速度。

声波发生器以及声波接收器发射、接收声波的过程如图 2-8 所示。

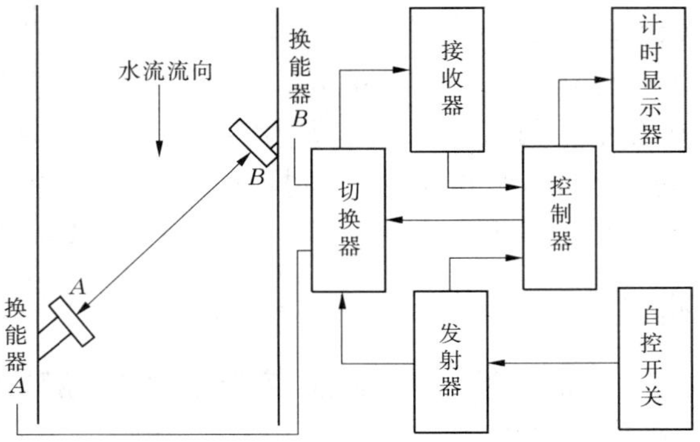


图 2-8 超声波测速仪工作原理

图中发射器和接收器分开放置，发射器运用集中在一个狭窄锥体里的巨大能量发出声波，而接收器对来自一个极小角度范围的声波十分敏感，发射器和接收器组合起来产生窄细的具有方向性的交叉波束，交叉波束包含少量水体并位于水下一定距离，其位置决定着采样体的位置。仪器工作时，声波发射器以一个已知的频率产生脉冲声波，脉冲声波沿着波束的轴线在水中传播，由于脉冲声波通过水体后能被水中的一些颗粒物在各个方位产生反射，一部分被反射的能量沿着接收器的轴线返回，由接收器检测并计算出它的频率变化量。根据测得的多普勒转换与沿着发射器和接收器的分置轴运动的颗粒速度成比例的性质，从而计算出水流速度。

## 4 激光多普勒流速仪(LDA/LDV)

激光多普勒流速仪的基本原理是：当激光照射到跟随流体一起运动的固体微粒时，激光就被运动着的微粒所散射。散射光频率和入射光频率的差值正比于微粒的速度，如果测出该频率差，就可算出微粒所代表的流体速度，公式为

$$u = \frac{\lambda f}{2\sin\frac{\theta}{2}} \tag{2-2}$$

式中 $\lambda$——激光波长；

$f$——频率差；

$\theta$——两光束夹角。

激光多普勒测速仪主要组成部分为激光器、发射器系统和接收光系统及信号采集系统及数据处理系统，如图 2-9 所示。

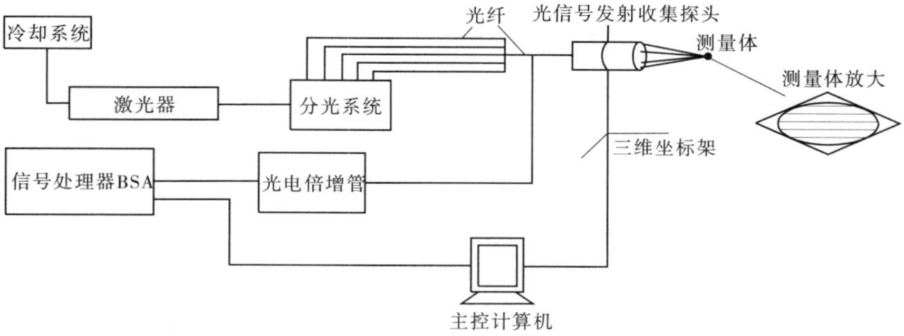


图 2-9 激光多普勒测速系统示意图

激光多普勒测速仪对流动没有干扰，分辨率高，响应快。线性响应及校正方便，能判别流动方向，运行基本不受温度影响，目前被人们广泛使用，如图 2-10 所示。

图 2-10 激光多普勒流速仪测明渠流速

## 5 粒子图像测速技术

粒子图像测速（PIV）技术是利用在流体散播跟随性好的示踪粒子，在强光的照射下，通过图像记录装置获得包含粒子运动信息的图像，经过图像处理得到粒子的速度信息，粒子的速度信息即反映了对应于流体质点的运动信息。脉冲激光光源通过球面镜和柱面镜形成脉冲片光源，照亮流场中需要测量的流动区域，在两个（或多个）瞬时时间点上用 CCD 相机记录下流动区域示踪粒子的图像，将数字化的图像送入计算机，对图像矩阵进行相关或互相关运算，得到特定时间间隔内示踪粒子的位移，如果示踪颗粒的跟随性足够好，由此即可获得流场各点的速度信息。为了得到比较好的粒子图像，一般采用激光器作为光源。粒子图像测速一般包含 4 部分：示踪粒子、光源及片光产生系统、图像记录系统、图像后处理系统，如图 2-11 所示。

PIV 技术突破了空间单点测量技术的局限性，可在瞬间记录下一个平面内的流动信

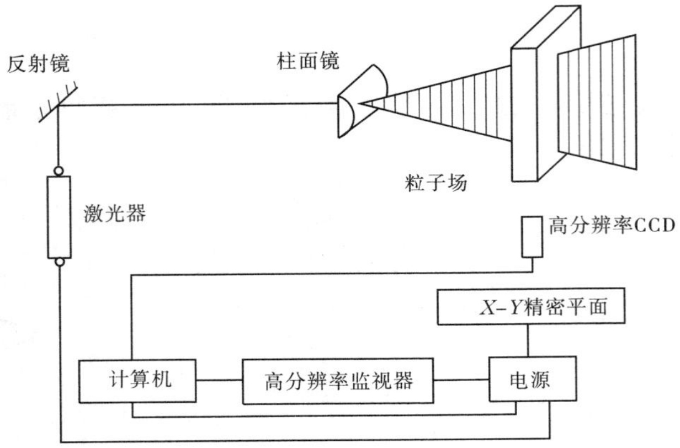


图 2-11　PIV 系统示意图

息。通过对连续多个瞬态速度场和涡量场的对比和分析(见图 2-12),可以深入研究非定常流动的瞬态过程及流动细节,具有空间分辨率高、获取信息量大、不干扰被测流场和可联系测量等强大优势。

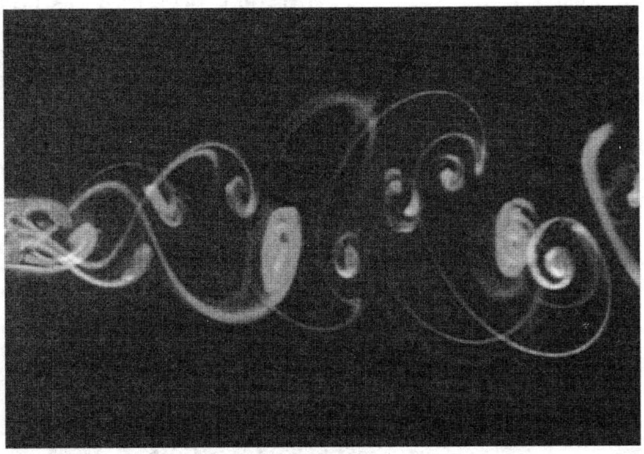

图 2-12　PIV 技术拍摄的卡门涡街

## 任务 3　流量测量

按照测量对象,流量仪表可以分为明渠流量计和封闭管道流量计。按照测量目的,测量仪表可分为瞬时流量计和总量表。按照测量原理,测量仪表又可分为差压式、容积式、速度式等。以下从测量对象对流量测量进行研究。

### 1　明渠流量测量

#### 1.1　体积法和称重法

体积法和称重法是水力学实验室最常用的流量测量方法。根据流量的定义,当水流恒定时,采用量筒或其他盛水容器接水,同时用秒表计时,用量筒读出该时段内所接水的体积或用电子秤称出其重量,除以时间,即可计算出体积流量或重量流量,即 $Q=V/T$ 或 $Q=G/T$。采用体积法和称重法时应注意接水和计时必须同步,且同一个流量必须测量 3

次以上取平均值,以保证测量精度。

## 1.2 量水堰

在明渠上测量流量通常用量水堰。将量水堰板装置于明渠中,使水流发生收缩,并在上游形成壅水现象,量测堰板上游某处的水深 $H$,利用该堰上水深(或水头)与过堰流量 $Q$ 之间的特定关系求得流量。

量水堰主要采用矩形薄壁堰和三角形薄壁堰,如图2-13所示。

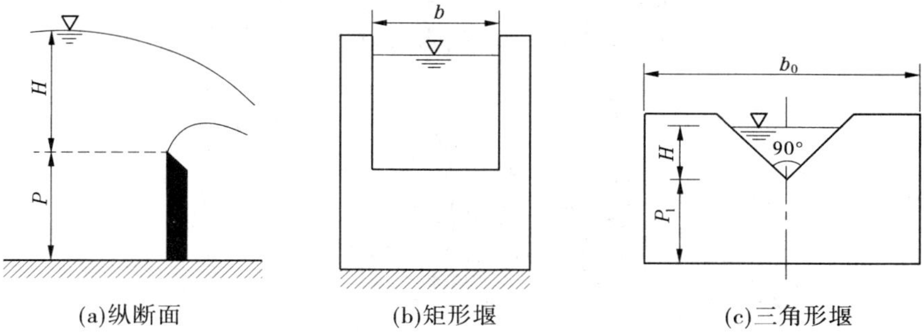


图2-13 量水堰测流原理

### 1.2.1 矩形薄壁堰流量计算公式

$$Q = m_0 b \sqrt{2g} H^{3/2} \tag{2-3}$$

式中 $H$——堰上水头;

$b$——堰宽;

$m_0$——考虑行近流速水头影响的薄壁堰流量系数,需通过实验来确定,也可通过经验公式确定。

无侧收缩的矩形薄壁堰流的流量系数可由雷保克公式计算:

$$m_0 = 0.403\ 4 + 0.053\frac{H}{P} + \frac{1}{1\ 610H - 4.5} \tag{2-4}$$

式中 $P$——上游堰高;

其他符号意义同前。

适用条件:$H \geqslant 0.025$ m, $\frac{H}{P} \leqslant 2$ 。

有侧收缩的矩形薄壁堰的流量系数可用式(2-5)确定:

$$m'_0 = 0.430\ 2 + \frac{0.006\ 6}{P} + 0.053\ 4\frac{H}{P} - 0.096\ 7\sqrt{\frac{(b_0 - b)H}{b_0 P}} + 0.007\ 68\sqrt{\frac{b_0}{P}} \tag{2-5}$$

式中 $b_0$——引水渠宽;

其他符号意义同前。

适用条件为:$b_0 = 0.5 \sim 6.3$ m;$b = 0.15 \sim 5$ m;$H = (0.03 \sim 0.45)\sqrt{b}$;$\frac{bP}{b_0^2} \geqslant 0.06$。

### 1.2.2 三角形薄壁堰

当测量较小流量时,为了提高量测精度,常采用三角形薄壁堰。三角形薄壁堰在小水头时堰口水面宽度较小,流量的微小变化将引起水头的显著变化,因此在量测小流量时比矩形堰的精度高,如图 2-13(c)、图 2-14 所示。

直角三角形薄壁堰的流量计算公式为

$$Q = 1.4H^{\frac{5}{2}} \tag{2-6}$$

适用条件:$H=0.105 \sim 0.25$ m;堰高 $P \geqslant 2H$,渠宽 $b_0 \geqslant (3 \sim 4)H$。

图 2-14　堆石坝三角形量水堰

## 1.3　孔口测流量法

孔口测流是利用侧壁孔口或底部孔口出流来量测水池或水库的流量。孔口出流流量计算公式为

$$Q = \mu A\sqrt{2gH} \tag{2-7}$$

式中　$H$——孔口的作用水头;

$A$——孔口断面面积;

$\mu$——流量系数,因孔口形式而不同。

典型的薄壁小孔口(孔径 $d < H/10$)的流量系数一般为 0.58 ~ 0.62;薄壁大孔口的流量系数随孔高 $e$ 和水头 $H$ 的比值 $e/H$、孔口形状和水流收缩程度而有所不同,为 0.7 ~ 0.75。

## 1.4　流速面积法

水流流动时受边界条件影响,断面内的流速分布很不均匀,流速随横向及垂向位置的不同而变化,因此用垂线将水流断面分成若干部分,则单位时间内通过水流断面的流量模型可以近似如图 2-15 所示。流速面积法测定流量的原理为:测定部分流速 $v_i$ 和部分面积 $f_i$ 两者的乘积即为通过该部分面积的流量 $q_i$,然后求得全断面的流量 $Q = \sum q_i = \sum v_i f_i$。

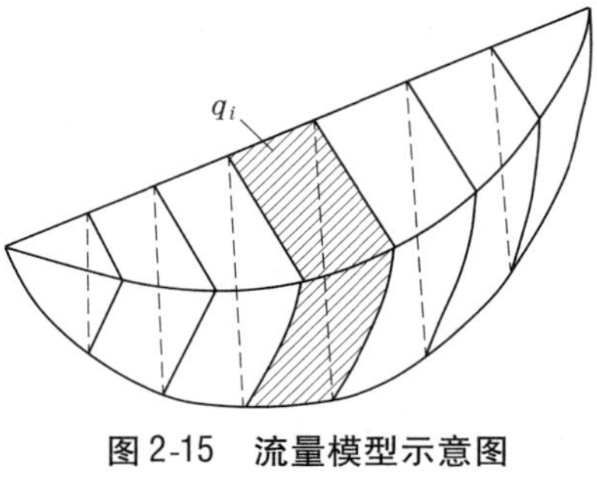


图 2-15　流量模型示意图

采用流速面积法进行流量测验主要包括过水断面测量、流速测量及流量计算三部分

工作。其中流速测量可以采用一点法（即在水面以下相对水深为0.6或0.5的位置）、二点法（0.2及0.8相对水深）、三点法（0.2、0.6及0.8相对水深）测垂线平均水深，然后计算部分流速 $v_i$。

## 2 管道流量测量

### 2.1 孔板流量计

孔板流量计是由上下游管道、孔板组成。孔板是一块具有与管道同心圆形开孔的薄板，迎流一侧有锐利直角入口边缘的圆筒形孔，顺流的出口呈扩散的锥形。如图2-16所示。

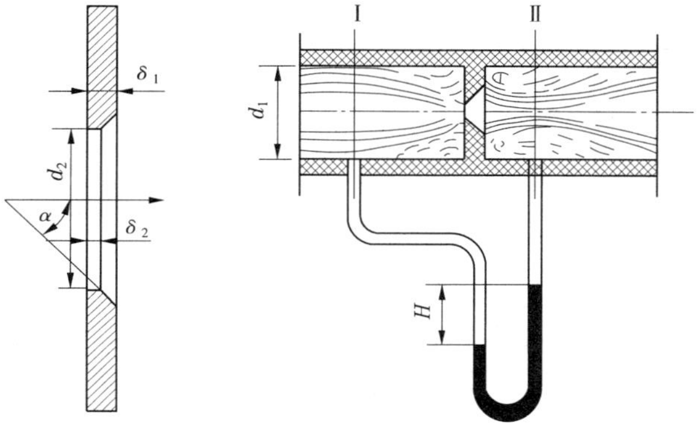


图2-16 孔板流量计

在孔板截面前液体已经开始收缩，流经孔板后液体并不立即扩散而是继续收缩，流经一小段距离后才开始扩散，最后扩散到整个管道截面。由于液流在孔板前后变化较大，因此在孔板前后产生涡流区和较大的压差，如图2-16所示。

管道中流量

$$Q = \mu \frac{A_1 A_2}{\sqrt{A_1^2 - A_2^2}} \sqrt{2gH} = \mu \frac{\pi}{4} \frac{d_1^2 d_2^2}{\sqrt{d_1^4 - d_2^4}} \sqrt{2gH} \tag{2-8}$$

式中 $Q$——流量；

$A_1$——管道面积；

$A_2$——孔板面积；

$H$——压差计水头差；

$\mu$——流量系数，由实验确定。

孔板流量计节流装置结构易于复制，简单、牢固，性能稳定可靠，使用期限长。孔板流量计测量精度高达0.075%，但是使用过程中能力损失较大。安装孔板时，其上游需有10倍管径的直管段。

### 2.2 喷嘴流量计

标准喷嘴流量计是一种以管道轴线为中心线的旋转对称体，主要由入口圆弧收缩部分与出口圆筒形喉部组成，结构如图2-17所示。

其流量公式与孔板流量计相同。

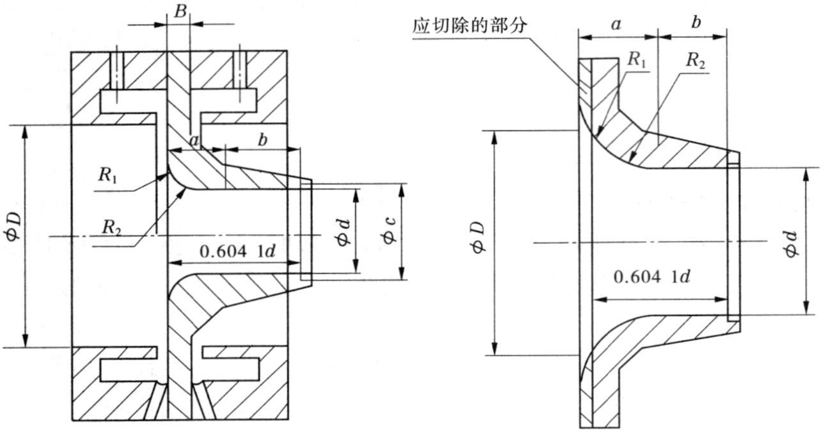


(a)$d<2D/3$　　(b)$d>2D/3$

**图 2-17　喷嘴流量计**

## 2.3　文丘里流量计

如图 2-18 所示，为一经典文丘里流量计，进口为光滑的锥形体，中段为短的圆柱形喉部及一段扩散段。其流量公式由伯努利方程和连续性方程推导而得，即

$$Q = \mu A_2 \sqrt{\frac{2g\Delta h}{1-\left(\frac{d_2}{d_1}\right)^4}} \tag{2-9}$$

式中　$A_2$——文丘里管喉部断面面积；

$\Delta h$——两个测压管的压强水头差，用比压计测量；

$\mu$——由实验得到的流量系数。

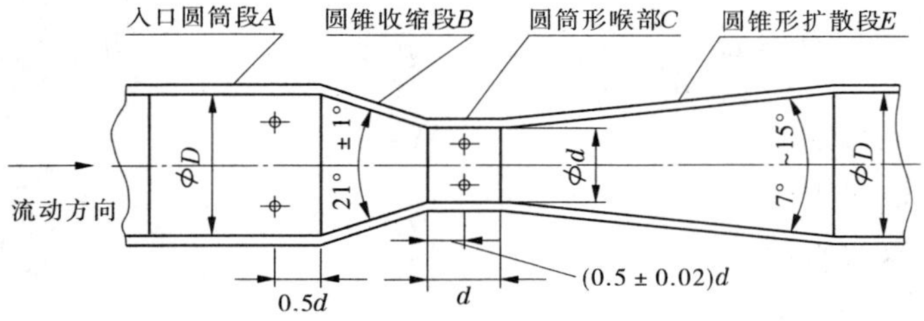


**图 2-18　经典文丘里流量计**

文丘里流量计压力损失较低，有较高的测量精度，对流体中的悬浮物不敏感，可用于污水的流量测量，但文丘里流量计测流范围较小。安装时，要求上游在 10 倍管径的长度、下游在 6 倍管径的距离内均不得有其他部件。

## 2.4　涡轮流量计

涡轮流量计的结构如图 2-19 所示。在管道中心安放一个涡轮，两端由轴承支撑。当流体通过管道时，冲击涡轮叶片，对涡轮产生驱动力矩，使涡轮克服摩擦力矩和流体阻力矩而产生旋转。在一定的流量范围内，对一定的流体介质黏度，涡轮的旋转角速度与流体流速成正比。由此，流体流速可通过涡轮的旋转角速度得到，从而可以计算得到通过管道的流体流量。

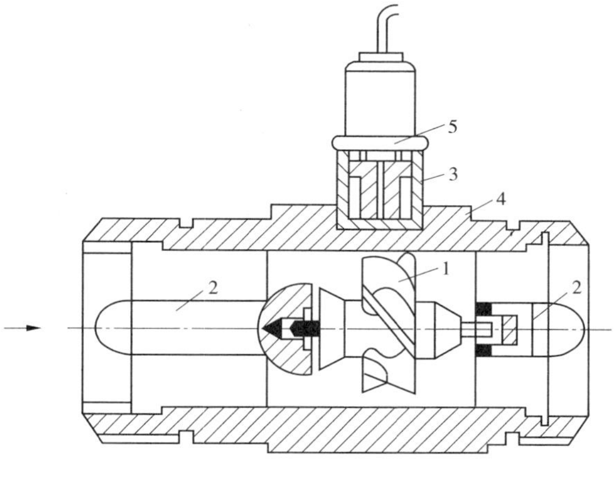


1—涡轮；2—导流器；3—磁电感应转换器；4—外壳；5—前置放大器

**图 2-19 涡轮流量计的结构示意图**

涡轮的转速通过装在机壳外的传感线圈来检测。当涡轮叶片切割由壳体内永久磁钢产生的磁力线时，就会引起传感线圈中的磁通变化。传感线圈将检测到的磁通周期变化信号送入前置放大器，对信号进行放大、整形，产生与流速成正比的脉冲信号，送入单位换算与流量积算电路得到并显示累积流量值；同时将脉冲信号送入频率电流转换电路，将脉冲信号转换成模拟电流量，进而指示瞬时流量值。涡轮流量计总体原理如图 2-20 所示。

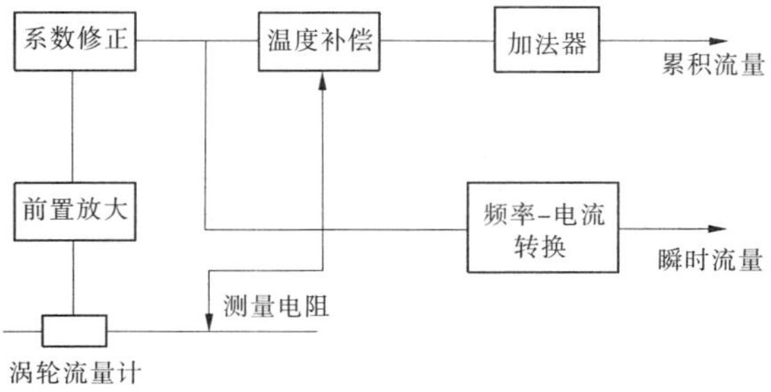


**图 2-20 涡轮流量计总体原理**

在测量范围内，传感器的输出脉冲总数与流过传感器的体积总量成正比，其比值称为仪表常数，以 $\xi$(次/L)表示。每台传感器都经过实际标定测得仪表常数值。当测出脉冲信号的频率 $f$ 和某一段时间内的脉冲总数 $N$ 后，分别除以仪表常数 $\xi$(次/L)便可求得瞬时流量 $q = f/\xi$(L/s)和累积流量 $Q = N/\xi$(L/s)。

涡轮流量计测量精度较高，测量范围较广，但是水流通过涡轮流量计时能量损耗比较大，对水质的要求较高。

## 2.5 电磁流量计

电磁流量计由电磁流量传感器和转换器两部分组成。传感器安装在管道上，它的作用是将流进管道内的液体体积流量值线性地变换成感应电势信号，并通过传输线将此信号送到转换器。转换器安装在离传感器不太远的地方，它将传感器送来的流量信号进行放大，并转换成与流量信号成正比的标准电信号输出，以进行显示，累积和调节控制。

电磁流量计测流的基本原理是法拉第电磁感应定律。当液体进入管道时，以平均速度切割与水垂直的交变磁场的磁力线，在另一垂直方向的电极上产生感应电势，如图 2-21 所示。如果知道电势的大小，再通过电磁流量转换器将电势转换成电流信号，则感应电势和流速、体积流量之间的关系为

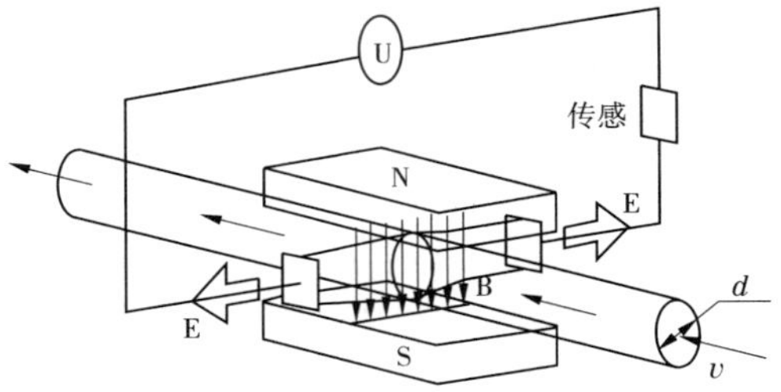

图 2-21　电磁流量计工作原理

$$e = Bdv = \frac{4BQ}{\pi d^2} \tag{2-10}$$

式中　$v$——通过管道截面上流体的平均速度；

$B$——电磁感应强度；

$d$——管道内径。

当管道截面一定时，流量与比值 $e/B$ 成正比，而与流体的状态和物性参数无关。在磁场和管道直径一定的情况下，电磁感应强度 $B$ 和管道内径 $d$ 为一定值，因此只要测得感应电势即可计算流速和流量。

电磁流量计结构简单，不干扰流场，可测脏污介质，不受流体密度、黏度、温度、压力和电导率变化的影响，测量管内无阻碍流动部件，无压损，直管段要求较低。电磁流量计的缺点是不能测量电导率很低的液体，不能测量气体、蒸汽和含有较多较大气泡的液体，不能测量高温高压流体，易受外界电磁干扰影响。

## 2.6　浮子流量计

浮子流量计是以浮子在垂直锥形管中随着流量变化而升降，改变它们之间的流通面积来进行测量的体积流量仪表，又称转子流量计。浮子流量计按锥形管材料分为透明锥形管和金属锥形管。

金属浮子流量计的流量检测元件是由一根自下向上扩大的垂直锥形管和一个沿着锥管轴上下移动的浮子组所组成的。其工作原理如图 2-22 所示，被测流体从下向上经过锥管和浮子形成的环隙时，浮子上下端产生压差形成浮子上升的力，当浮子所受上升力大于浸在流体中的浮子重量时，浮子便上升，环隙面积随之增大，环隙处流体流速立即下降，浮子上下端差压降低，作用于浮子的上升力亦随着减少，直到上升力等于浸在流体中浮子重量时，浮子便稳定在某一高度。浮子在锥管中的高度和通过的流量有对应关系。

玻璃浮子流量计主要包括一个透明的过渡锥形管道，一个相对密度较大的浮子，水自下而上流动，如图 2-23 所示，当通过的流量大小不同时，浮子在透明管内上升的高度就不同，根据浮子停留位置，在透明管外壁上即可读出流量值表。

大部分浮子流量计没有上游直管段要求，或者对上游直管段要求不高；浮子流量计可用于较低雷诺数流体。

(a)实物图

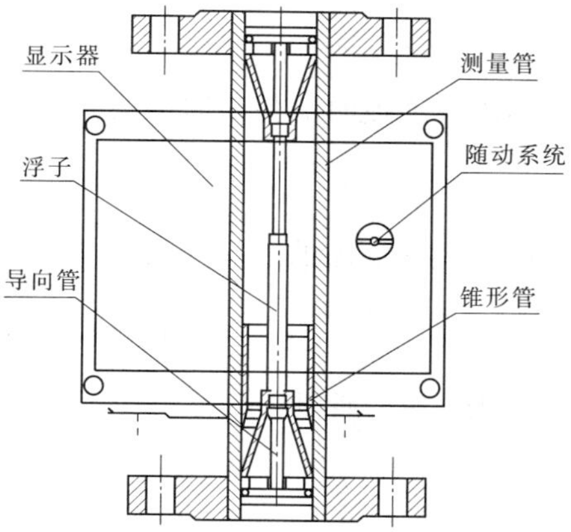


(b)结构示意图

图 2-22 金属浮子流量计

## 2.7 超声流量计

超声波在流动的流体中传播时就载上流体流速的信息。因此,通过接收到的超声波就可以检测出流体的流速,从而换算成流量。根据检测的方式,可分为传播速度差法(包括直接时差法、时差法、相位差法和频差法)、多普勒法、波束偏移法、噪声法及相关法等不同类型的超声波流量计。

图 2-23 玻璃浮子流量计

### 2.7.1 时差法

时差法测量顺逆传播时传播速度不同引起的时差计算被测流体速度。它采用两个声波发送器($S_A$ 和 $S_B$)和两个声波接收器($R_A$ 和 $R_B$)。同一声源的两组声波在 $S_A$ 与 $R_A$ 之间和 $S_B$ 与 $R_B$ 之间分别传送。它们沿着管道安装的位置与管道成 $\theta$ 角(一般 $\theta=45°$),如图 2-24 所示。由于向下游传送的声波被流体加速,而向上游传送的声波被延迟,它们之间的时间差与流速成正比。也可以发送正弦信号测量两组声波之间的相移或发送频率信号测量频率差来实现流速的测量。

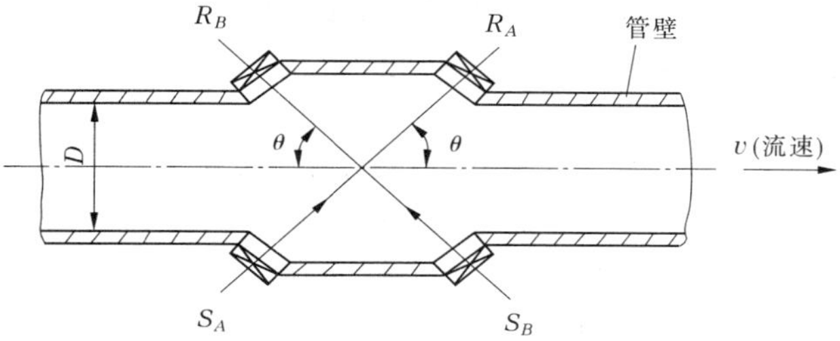


图 2-24 时差法超声流量计示意图

设声速为 $c$,管道直径为 $D$,则超声波顺流时的传播时间为

$$t_1 = \frac{D/\sin\theta}{c + v\cos\theta} \tag{2-11}$$

超声波逆流时的传播时间为

$$t_2 = \frac{D/\sin\theta}{c - v\cos\theta} \tag{2-12}$$

则声波逆流和顺流的时间差为

$$\Delta t = t_2 - t_1 = \frac{2Dv\cos\theta}{\sin\theta(c^2 - v^2\cos^2\theta)} \tag{2-13}$$

因为 $c \gg v$,所以

$$v = \frac{c^2\tan\theta}{2D}\Delta t \tag{2-14}$$

求出平均速度 $v$,即可算出流量。超能换能器可以用活动夹具或固定在管外壁上。

### 2.7.2 多普勒法

多普勒法测量原理是依据声波中的多普勒效应,检测其多普勒频率差。超声波发生器为一固定声源,随流体以同速度运动的固体颗粒与声源有相对运动,该固体颗粒可把入射的超声波反射回接收器。入射声波与反射声波之间的频率差就是由于流体中固体颗粒运动而产生的声波多普勒频移。由于这个频率差正比于流体流速,所以通过测量频率差就可以求得流速,进而可以得到流体流量,如图 2-25 所示。

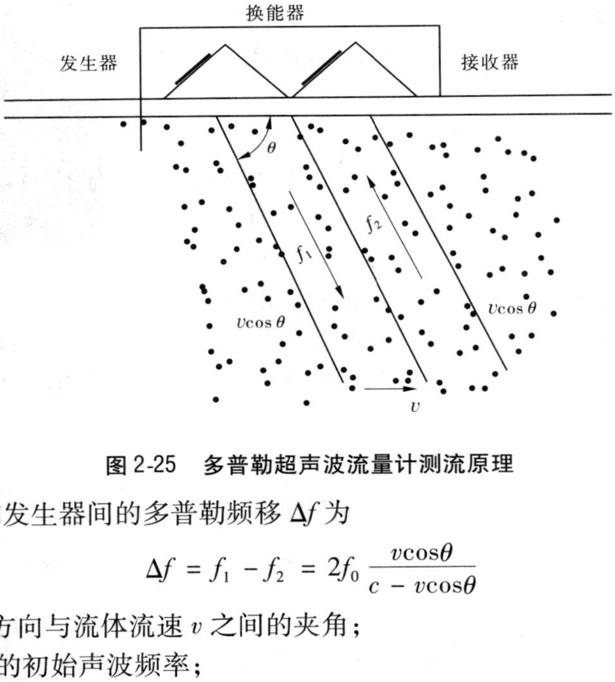


图 2-25 多普勒超声波流量计测流原理

声波接收器和发生器间的多普勒频移 $\Delta f$ 为

$$\Delta f = f_1 - f_2 = 2f_0\frac{v\cos\theta}{c - v\cos\theta} \tag{2-15}$$

式中 $\theta$——声波方向与流体流速 $v$ 之间的夹角;

$f_0$——声源的初始声波频率;

$c$——声源在介质中的传播速度。

若 $c \gg v\cos\theta$,则

$$\Delta f = f_1 - f_2 = 2f_0\frac{v\cos\theta}{c} \tag{2-16}$$

则液体流速

$$v = \frac{\Delta f c}{2 f_0 \cos\theta} \tag{2-17}$$

多普勒超声测流量的使用条件为:①流体中含悬浮粒子或气泡不少于 2%;②管壁材料均匀、无里衬,管壁厚度小于 19 mm;③最小流速 15 cm/s。

非接触式仪表(如图 2-26 所示)适于测量不易接触和观察的流体以及大管径流量。它与水位计联动可进行敞开水流的流量测量。使用超声波流量计不用在流体中安装测量元件,故不会改变流体的流动状态,不产生附加阻力,仪表的安装及检修均可不影响生产管线运行,因而是一种理想的节能型流量计。

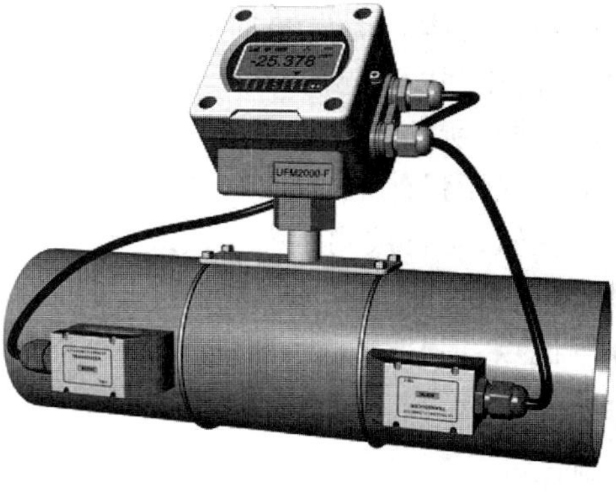


图 2-26　外夹式超声波流量计

## 2.8　涡街流量计

涡街流量计也称为旋涡流量计或卡门涡街流量计,如图 2-27 和图 2-28 所示。在流体中设置三角柱型旋涡发生体,则从旋涡发生体两侧交替地产生有规则的旋涡,这种旋涡称为卡门旋涡,旋涡列在旋涡发生体下游非对称地排列。涡街流量计是应用流体振荡原理来测量流量的,流体在管道中经过涡街流量变送器时,在三角柱的旋涡发生体后上下交替产生正比于流速的两列旋涡,旋涡的释放频率与流过旋涡发生体的流体平均速度及旋涡发生体特征宽度有关,可用下式表示:

$$f = \frac{s_t v}{d} \tag{2-18}$$

式中　$f$——旋涡的释放频率,Hz;

$v$——流过旋涡发生体的流体平均速度,m/s;

$d$——旋涡发生体特征宽度,m;

$s_t$——斯特劳哈尔数(Strouhal number),无量纲,数值范围为 0.14 ~ 0.27。

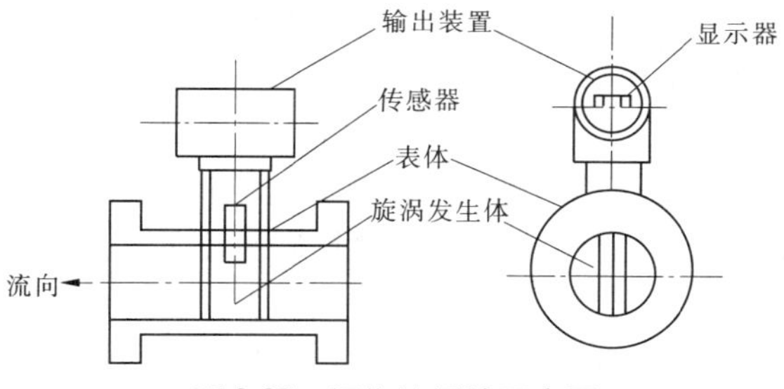


图 2-27　涡街流量计示意图

当雷诺数 $Re$ 为 102 ~ 105 时,$s_t$ 值约为 0.2。在测量中,要尽量满足流体的雷诺数为 102 ~ 105,此时旋涡频率 $f = 0.2v/d$。

由此，通过测量旋涡频率就可以计算出流过旋涡发生体的流体平均速度 $v$，再由式 $q = vA$，可以求出流量 $q$。

图 2-28　涡街流量计旋涡发生示意图

## 任务 4　压强测量

压强是流体运动的重要参数之一。通过压强的量测，可以得到流速、流量等其他运动参数，因而压强的量测是水力学实验中的一项基本的量测技术。根据所测压强范围、要求的精度不同，所选用的量测仪器也不同。

液柱式压强计是最简单且精度较高的一种常规测量仪器。它是依据流体静力学原理制成的仪器，是将被测压强转换成液柱高度进行测量的，采用水、酒精或水银作为工作液体，用来量测正压、负压或压强差。这种测压计具有结构简单、使用方便、准确度高、价格低廉等优点，但其测量范围受到限制，一般只能测量 $10^{-6}$ ~ 0.3 MPa 的压强，而且仅限于静态压强的测定。常用的液柱式测压计有测压管、比压计。

### 1　测压管

测压管是一种最简单的液柱式测压计。常采用内径为 10 mm 左右的直玻璃管。测量时，将测压管的下端与装有液体的容器连接，上端开口与大气相通，通过观测管中液体上升的高度测量液体中对应点上的压强，读数时注意视线与液面齐平，读取测压管内弯液面底部对应的刻度值。如图 2-29(a)所示，管中液体柱高度就反映了 $M$ 点的相对压强 $p$：

$$p = \gamma h \tag{2-19}$$

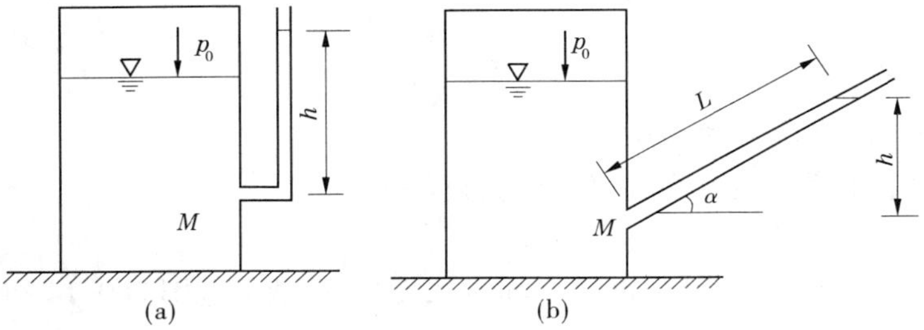

图 2-29　测压管测压

式中　$h$——测压管内液面上升的垂直高度；

$\gamma$——管内液体的容重。

如果测点压强较小，为提高测量精度，可以加大标尺读数的方法。将测压管倾斜放置，如图 2-29(b)所示。此时用于计算压强的测压管高度 $h = L\sin\alpha$，$M$ 点的相对压强为

$$p = \gamma L\sin\alpha$$

如果压强很大，为避免测压管高度过大而使测量不便，常在 U 形管内改用密度较大的液体，如水银等。水银的两端用水封住，以免水银蒸汽溢出，如图 2-30 所示。

## 2 比压计

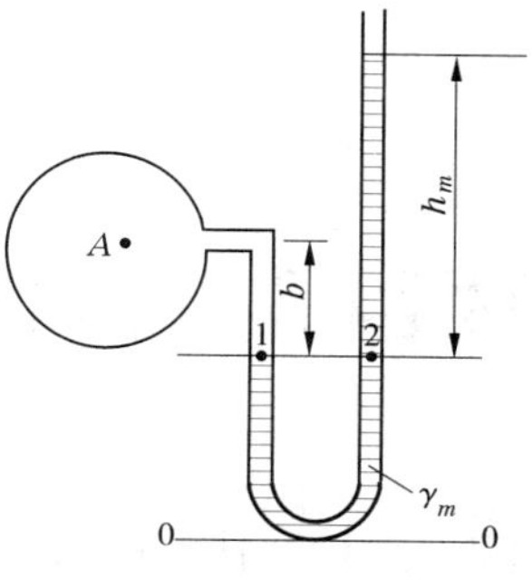


图 2-30 U 形管测压计

为测量输水管道上两断面的压强差,可在两断面之间连接压差计。压差计一般并不直接测出任意两点间压强的大小,而直接找出两点间压差。压差小时用空气压差计,如图 2-31(a)所示;压差大时用水银压差计,如图 2-31(b)所示。

上述液柱式压强计的共同特点是:结构简单,精度和灵敏度较高,并且也很直观。缺点是水柱惯性大,压强反应较迟钝,只能用来测量时均压强,不能同步量测随机变化的压强,在测高压时,压强计需做得很高,读测很不方便;如改用水银,压强损坏后,水银坠地难收,易蒸发形成有毒气体。

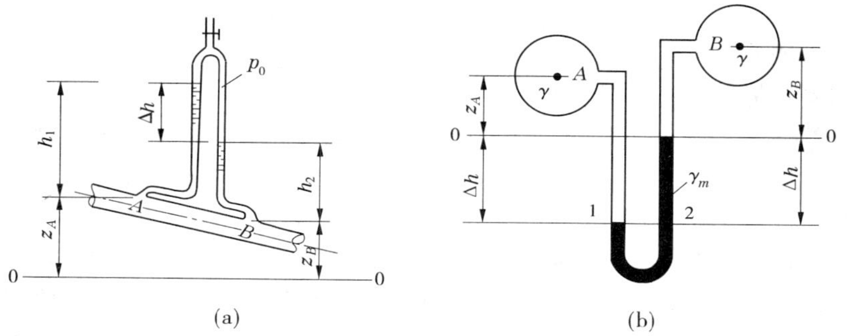


图 2-31 水比压计和水银比压计

## 3 金属压力表

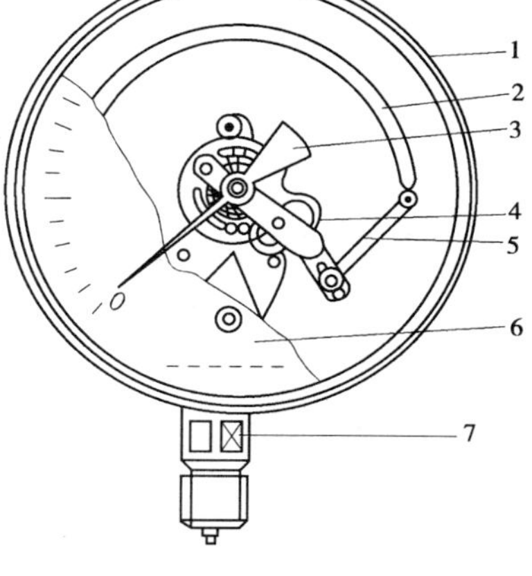


1—机座;2—弹簧管;3—指针;4—上夹板;
5—连杆;6—表盘;7—接头

图 2-32 管环式压力表构造

除液体测压计外,在工农业生产、生活中的各种给水排水设施上,常装有各种类型的金属压力表测量液体的压强,其中使用较多的一种是管环式压力表(又称弹簧管式压力表)。该表因装卸方便,读数直观,应用较普遍。在锅炉房、泵站、自来水公司等各种输水管道上常可见到。其构造见图 2-32,主要由弹簧管、指针、连杆、表盘、机座等部分组成。弹簧管是由椭圆形横剖面的铜管或钢管制成,并弯曲成具有弹性的环状管;管的一端固定且与被测量的液体相连;管的另一端为封闭的自由端,通过连杆、传动系统与表指针相连。当大于大气压的液体进入弹簧管后,由于环状管具有弹性,其自由端受压而发生的变形向外伸张,带动指针转动,在表盘的刻度上指示压力读数;当进入弹簧管的压力液体为负压时,原理一样,只是作用方向相反,弹簧管变形向内收缩,表针指示真空值读数。

# 项目3　操作验证类实验

## 任务1　静水压强测量实验

### 1　实验目的

(1)能够量测静水中任一点的压强;
(2)能够测定另一种液体的容重;
(3)要求掌握U形管和连通管的测压原理以及运用等压面概念分析问题的能力。

### 2　实验装置

实验装置如图3-1所示,在透明的可密封的水箱中注入适量的水,用一乳胶管与一可升降的调压筒相连,调压筒顶端暴露在大气中,表面为大气压强 $p_a$,水箱顶部装有排气阀,可与大气相通,用以控制水箱的表面压强 $p_0$。最右侧为一组由U形管(2—3、4—5、6—7)和连通管(1、2、4、6)组成的测压管,其中U形管4—5中所装液体为油,其余均为水,$\gamma_{油} < \gamma_{水}$,通过升降调压筒可调节水箱内液体的表面压强 $p_0$。

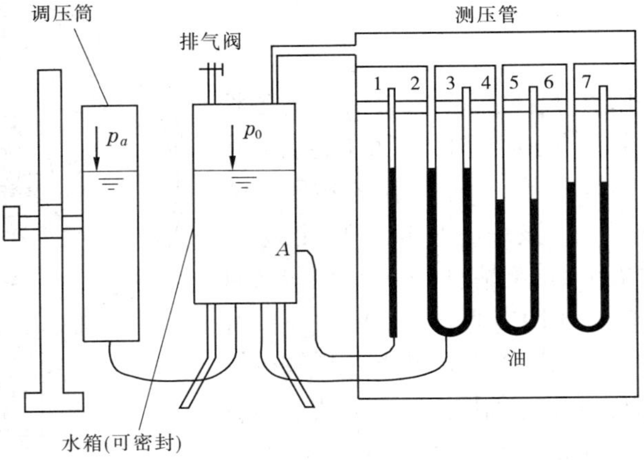


图3-1　静水压强实验仪简图

### 3　实验原理

对于重力作用下,处于静止状态的不可压缩的连续均质液体(如水、汽油、酒精、甘油等),其基本方程为

$$z + \frac{p}{\gamma} = \text{const} \tag{3-1}$$

或

$$p = p_0 + \gamma h \tag{3-2}$$

式中 $z$——被测点在基准面以上的高度；

$p$——被测点的静水压强，用相对压强表示，下同；

$p_0$——水箱中液面的表面压强；

$\gamma$——液体容重；

$h$——被测点的液体深度。

本实验中，利用调压筒的升降及排气阀的启闭，调节水箱内液面的表面压强 $p_0$，若将调压筒提升到一定高度，水由调压筒流回水箱，水箱中空气体积减小而压强增大，待稳定后，调压筒与水箱两液面的高差即为水箱的表面压强 $p_0 = \gamma h$，这个水柱高度 $h$ 也等于 $h_1 - h_2$、$h_3 - h_2$、$h_7 - h_6$，而 U 形管两液面的压差也应该等于 $p_0$；相反，若将调压筒向下降落一定高度，使其水面低于水箱中的水面，则此时 $p_0 < 0$，待稳定后，其压强称为真空压强。设 $h_i$ 表示各测压管及水箱内液面标高读数，根据静水压强的基本方程可知：

（1）利用 1 号连通管中液面标高 $h_i$ 可求得水箱中任一点 $A$ 处压强（相对压强）：

$$p'_A = \gamma h = \gamma(h_1 - h_A) \tag{3-3}$$

其绝对压强

$$p_A = p_a + p'_A = p_a + \gamma(h_1 - h_A) \tag{3-4}$$

（2）利用 U 形管 2—3 液面标高之差 $\Delta h$，可求得水箱内液体表面压强：

$$p_0 = \gamma \Delta h = \gamma(h_3 - h_2) \tag{3-5}$$

（3）根据等压面和连通器原理，利用 U 形管 4—5 和 6—7 液面标高，由式（3-6）和式（3-7）可求出待求液体的容重：

$$p_0 = \gamma(h_3 - h_2) = \gamma_{油}(h_5 - h_4) = \gamma(h_7 - h_6) \tag{3-6}$$

$$\gamma_{油} = \gamma \frac{h_7 - h_6}{h_5 - h_4} \tag{3-7}$$

## 4 实验步骤

（1）认真阅读实验目的、实验要求、实验原理和注意事项。

（2）熟悉仪器，核对设备编号，记录有关常数。

（3）打开排气阀，使水箱与大气相通，则水箱表面压强 $p_0 = 0$（相对压强），并且调压筒水面、水箱液面及连通管 1、2、4、6 表面均应齐平。观察各 U 形压差计的液面位置，以验证等压面原理。

（4）关闭排气阀，将调压筒向上提升至一定高度。此时水箱内液面压强 $p_0 > 0$，观察各测压管的液面高度变化并测记标高。

（5）继续提高调压筒，再做两次。

（6）打开排气阀，使之与大气相通，此时不要移动调压筒，待液面稳定后再关闭排气阀。

(7)将调压筒降低至某一高度,此时水箱内液面压强 $p_0 < 0$ ,观察各测压管的液面高度变化并测记标高,重复两次。

(8)查看数据记录表(见表 3-1),看是否有缺漏数据。是否有某组数据明显地不合理。若有此情况,应进行补测。

(9)将调压筒升至适当位置,打开排气阀,实验结束。

## 5 注意事项

(1)首先检查可密封水箱是否漏气,方法:关闭排气阀后,观察水箱水面是否变化,如果不变,说明排气阀完好;否则说明排气阀漏气,应采取修复措施。

(2)升降调压筒时,应轻拉轻放,每次调整高度不宜过大,并且在升降调压筒后,一定要拧紧左边的固定螺丝,以免调压筒向下滑动。

(3)每次调压后,压力有一短时间稳定过程,应待各测压管液面稳定后方可读数,并注意使视线与液面最低处处于同一水平面上。

(4)如发现测压管中水位不断改变,说明容器或测压管漏气,此时应采取止漏措施。

(5)仪器是由有机玻璃管构成的,必须细心操作,以免损坏。

## 6 实验数据记录

实验日期:________________ 实验者:________________

仪器编号:________________

有关常数:设 $A$ 点在水箱水面下的深度 $h_A$ = ________________ cm

表 3-1 实验数据记录表 (单位:cm)

| 名称 | | 测压管液面高程读数 | | | | | | | |
|---|---|---|---|---|---|---|---|---|---|
| 液面高程 | | $h_A$ | $h_1$ | $h_2$ | $h_3$ | $h_4$ | $h_5$ | $h_6$ | $h_7$ |
| $p_0 > 0$ | 1 | | | | | | | | |
| | 2 | | | | | | | | |
| | 3 | | | | | | | | |
| $p_0 < 0$ | 1 | | | | | | | | |
| | 2 | | | | | | | | |
| | 3 | | | | | | | | |

## 7 实验结果

(1)整理实验结果,并进行有关计算,完成实验计算表 3-2。

(2)对实验结果进行分析讨论,阅读思考题,作简要回答。

表 3-2 实验计算表

<table>
<tr><td colspan="2" rowspan="2">名称</td><td colspan="3" rowspan="2">等压面的验证<br>（三者是否相等）</td><td rowspan="2">水箱液面<br>压强 $p_0$</td><td colspan="2">任一点 $A$ 的压强</td><td rowspan="2">油的容重<br>$\gamma_{油}$</td></tr>
<tr><td>相对压强<br>$p'_A$</td><td>绝对压强<br>$p_A$</td></tr>
<tr><td colspan="2">公式</td><td>$h_1-h_2$<br>(cm)</td><td>$h_3-h_2$<br>(cm)</td><td>$h_7-h_6$<br>(cm)</td><td>$\gamma(h_3-h_2)$<br>(Pa)</td><td>$\gamma(h_1-h_A)$<br>(Pa)</td><td>$p_a+$<br>$\gamma(h_1-h_A)$<br>(Pa)</td><td>$\gamma\dfrac{h_7-h_6}{h_5-h_4}$<br>(N/m³)</td></tr>
<tr><td rowspan="3">$p_0>0$</td><td>1</td><td></td><td></td><td></td><td></td><td></td><td></td><td></td></tr>
<tr><td>2</td><td></td><td></td><td></td><td></td><td></td><td></td><td></td></tr>
<tr><td>3</td><td></td><td></td><td></td><td></td><td></td><td></td><td></td></tr>
<tr><td rowspan="3">$p_0<0$</td><td>1</td><td></td><td></td><td></td><td></td><td></td><td></td><td></td></tr>
<tr><td>2</td><td></td><td></td><td></td><td></td><td></td><td></td><td></td></tr>
<tr><td>3</td><td></td><td></td><td></td><td></td><td></td><td></td><td></td></tr>
</table>

### 8 思考题

（1）如果测压管太细，对测压管液面的读数将会有何影响？

（2）实验装置中，哪几根测压管内液面始终和活动蓄水筒内液面保持同高？为什么？

（3）第 1、2、3 号管和第 4、6 号管，可否取等压面？为什么？第 1、4、6 号管和第 1、3 号管中的液面是不是等压面？为什么？

（4）调压筒的升降为什么能改变容器的液面压强 $p_0$？

（5）实验时，水箱内的水面能不能低于 $A$ 点？为什么？

## 任务 2 毕托管测速实验

### 1 实验目的

（1）通过对管嘴淹没出流点流速及点流速系数的测量，掌握用毕托管测量点流速的技能；

（2）了解普朗特型毕托管的构造和适用性，并检验其量测精度，进一步明确传统水力学量测仪器的现实作用。

### 2 实验装置

本实验装置如图 3-2 所示。

说明：经淹没管嘴 6，将高低水箱水位差的位能转换成动能，并用毕托管测出其点流速值。测压计 10 的测压管①、②用以测量高、低水箱位置水头，测压管③、④用以测量毕

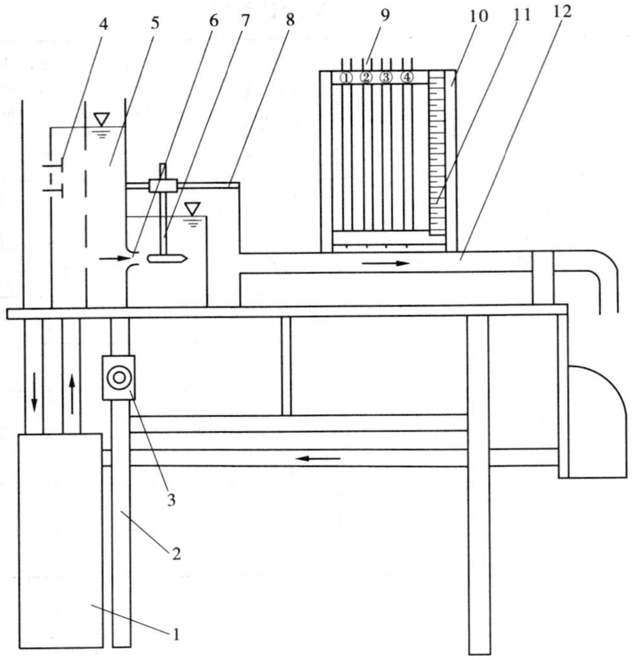


1—自循环供水器;2—实验台;3—可控硅无级调速器;4—水位调节阀;5—恒压水箱;6—管嘴;7—毕托管;8—尾水箱与导轨;9—测压管;10—测压计;11—滑动测量尺;12—上回水管

**图 3-2　毕托管实验装置**

托管的全压水头和静压水头,水位调节阀 4 用以改变测点的流速大小。

## 3　实验原理

毕托管结构形状如图 3-3(b)所示。它有结构简单、使用方便、测量精度高、稳定性好等优点,应用广泛。

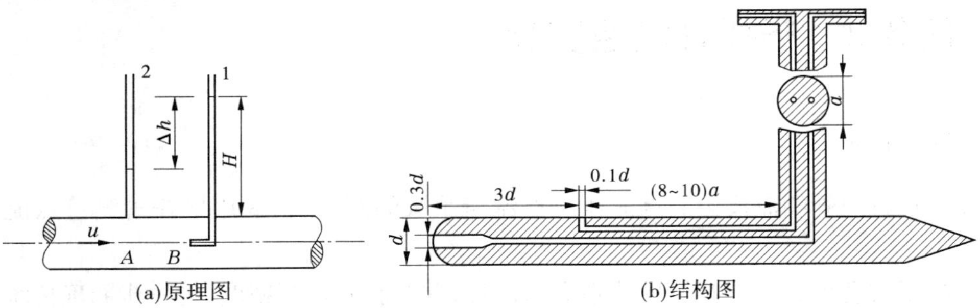


**图 3-3　毕托管**

图 3-3(a)所示为单孔毕托管,因 1 管测出的是不受流速影响的水动压强 $p_B$,而 2 管测出的则是水总压强 $p_A$,故测得 $A$ 点处的水总压强为

$$\frac{u_A^2}{2g} = \frac{p_B - p_A}{\rho g} = \Delta h \tag{3-8}$$

$A$ 点处的流速为

$$u_A = \sqrt{2g\Delta h} \tag{3-9}$$

实际上,由于测速管在液流中会引起微小阻力,测出的压强差不能真正反映实际结果,所以常在上式中乘以校正系数 $c$,即

$$u = c\sqrt{2g\Delta h} = k\sqrt{\Delta h} \tag{3-10}$$

$$k = c\sqrt{2g} \tag{3-11}$$

式中 $u$——毕托管测点处的点流速;

$c$——毕托管的校正系数;

$\Delta h$——毕托管全压水头与静压水头差。

另外,对于管嘴淹没出流,管嘴作用水头、流速系数与流速之间又存在如下关系:

$$u = \varphi'\sqrt{2g\Delta H} \tag{3-12}$$

联解式(3-10)和式(3-12)可得

$$\varphi' = c\sqrt{\frac{\Delta h}{\Delta H}} \tag{3-13}$$

式中 $u$——测点处流速,由毕托管测定;

$\varphi'$——测点流速系数;

$\Delta H$——管嘴作用水头。

## 4 实验步骤

(1)准备工作:①熟悉实验装置各部分名称、作用性能,搞清构造特征、实验原理;②用一管将上、下游水箱的测点分别与测压计中的测压管1、2相连通;③将毕托管对准管嘴,距离管嘴出口处2~3 cm,上紧固定螺丝。

(2)开启水泵。顺时针打开调速器开关3,将流量调节到最大。

(3)排气。待上、下游溢流后,用吸气球(如医用洗耳球)放在测压管口部抽吸,排除毕托管及各连通管中的气体,用静水匣罩住毕托管,可检查测压计液面是否齐平,液面不齐平可能是空气没有排尽,必须重新排气。

(4)测记各有关常数和实验参数,填入表3-3。

(5)改变流速。操作调节阀4并相应调节调速器3,使溢流量适中,共可获得三个不同恒定水位与相应的不同流速。改变流速后,按上述方法重复测量。

(6)实验结束时,按上述步骤(3)的方法检查毕托管比压计是否齐平。

## 5 注意事项

(1)实验前首先对毕托管测压管排气。

(2)移动毕托管时要先松动固定螺丝,再移动。

## 6　数据记录及实验成果整理

实验日期：________　实验者：________

仪器编号：________

校正系数 $c$ = ________　$k$ = ________ $cm^{0.5}/s$

表 3-3　记录计算表

| 实验次序 | 上、下游水位差（cm） | | | 毕托管水头差（cm） | | | 测点流速 $u=k\sqrt{\Delta h}$ | 测点流速系数 $\varphi'=c\sqrt{\frac{\Delta h}{\Delta H}}$ |
|---|---|---|---|---|---|---|---|---|
| | $h_1$ | $h_2$ | $\Delta H$ | $h_3$ | $h_4$ | $\Delta h$ | | |
| | | | | | | | | |
| | | | | | | | | |
| | | | | | | | | |

## 7　思考题

（1）毕托管的压头差 $\Delta h$ 和管嘴上、下游水位差 $\Delta H$ 之间的大小关系怎样？为什么？

（2）所测得流速系数 $\varphi'$ 说明了什么？

（3）普朗特毕托管的测速范围为 0.2 ~ 2 m/s，流速过小或过大都不宜采用，为什么？另外，测速时要求探头正对水流方向（轴向安装偏差不大于 10°），试说明其原因。

（4）为什么在声、光、电技术高度发展的今天，仍然常采用毕托管这一传统的流体测速仪器？

# 任务 3　恒定总流的动量方程实验

## 1　实验目的

（1）测定管嘴喷射水流对平板或曲面板所施加的冲击力。

（2）将测出的冲击力与用动量方程计算出的冲击力进行比较，加深对动量方程的理解。

## 2　实验装置

实验装置及各部分名称如图 3-4 所示，实验中配有 $\alpha=90°$ 平面板和 $\alpha=135°$、$\alpha=180°$ 的曲面板，另备大小量筒及秒表各一只。

## 3　实验原理

应用力矩平衡原理，如图 3-5 所示，求射流对平板和曲面板的冲击力。

力矩平衡方程为

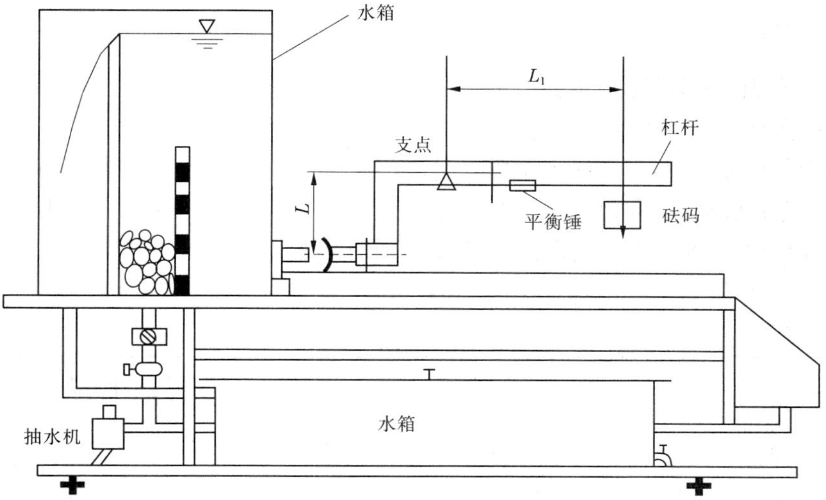

图 3-4　动量原理实验仪

$$FL = GL_1 \tag{3-14}$$

$$F = \frac{GL_1}{L} \tag{3-15}$$

式中　$F$——射流作用力；

$L$——作用力力臂；

$G$——砝码重量；

$L_1$——砝码力臂。

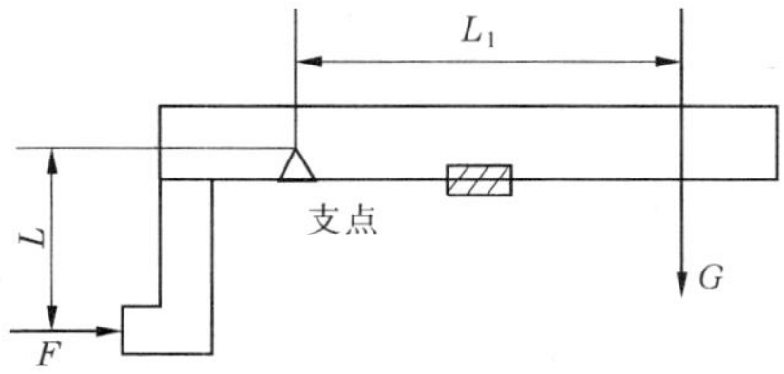

图 3-5　力矩平衡原理示意图

恒定总流的动量方程为

$$\sum F = \rho Q(\alpha_2' \vec{V}_2 - \alpha_1' \vec{V}_1) \tag{3-16}$$

若令 $\alpha_2' = \alpha_1' = 1$，且只考虑其中水平方向作用力，则可求得射流对平板和曲面的作用力公式为

$$F = \rho QV(1 - \cos\alpha) \tag{3-17}$$

式中　$Q$——管嘴的流量；

$V$——管嘴流速；

$\alpha$——射流射向平板或曲面板后的偏转角度。

当 $\alpha = 90°$时，$F_{平} = \rho QV$，$F_{平}$ 为水流对平板的冲击力。

当 $\alpha = 135°$时，$F = \rho QV(1 - \cos135°) = 1.707\rho QV = 1.707F_{平}$。

当 $\alpha = 180°$时，$F = \rho QV(1 - \cos180°) = 2\rho QV = 2F_{平}$。

## 4　实验步骤

(1)认真阅读实验目的、实验要求、实验原理和注意事项,熟悉实验装置。

(2)记录管嘴直径和作用力力臂。

(3)安装平面板,调节平衡锤位置,使杠杆处于水平状态(杠杆支点上的气泡居中)。

(4)启动抽水机,使水箱充水并保持溢流。此时水流从管嘴射出,冲击平板中心,标尺倾斜。加砝码并调节砝码位置,使杠杆处于水平状态,达到力矩平衡。记录砝码质量和力臂 $L_1$,用以计算 $F_{实}$,并将其值填入表 3-4。

**表 3-4　记录计算表**

| 测次 | 体积 $(cm^3)$ | 时间 (s) | 流量 $(cm^3/s)$ | 平均流量 $(cm^3/s)$ | 流速 (cm/s) | 冲击板角度 $\alpha$ (°) | 砝码重量 $(N\times10^{-5})$ | 力臂 $L_1$ (cm) | 实测冲击力 $F_{实}$ $(N\times10^{-5})$<br>$F_{实}=\frac{GL_1}{L}$ | 理论计算冲击力 $F_{理}$ $(N\times10^{-5})$<br>$F_{理}=\rho QV(1-\cos\alpha)$ |
|---|---|---|---|---|---|---|---|---|---|---|
| | | | | | | | | | | |
| | | | | | | | | | | |
| | | | | | | | | | | |
| | | | | | | | | | | |
| | | | | | | | | | | |
| | | | | | | | | | | |

(5)用体积法测量流量 $Q$,用以计算 $F_{理}$。

(6)将平面板更换为曲面板($\alpha=135°$及 $\alpha=180°$),按上述方法重新测量。

(7)关闭抽水机,将水箱中的水排空,砝码从杠杆上取下,结束实验。

## 5　注意事项

(1)量测流量后,量筒内的水必须倒进接水器,以保证水箱循环水充足。

(2)测流量时,计时与量筒接水一定要同步进行,以减小流量的量测误差。

(3)测流量一般测两次取平均值,以消除误差。

## 6　实验数据记录及成果分析

实验日期:________________　实验者:________________

仪器编号:________________

喷管直径 $d=$ ____________ cm　作用力力臂 $L=$ ____________ cm

将实测的水流对板的冲击力与由动量方程计算出的水流对板的冲击力进行比较,计算出其相对误差,并分析产生误差的原因。

## 7 思考问题

(1) $F_{实}$ 与 $F_{理}$ 有差异,除实验误差外还有什么原因?

(2)实验中,平衡锤产生的力矩没有加以考虑,为什么?

# 任务4 雷诺实验

## 1 实验目的

(1)观察层流、紊流的流态及其转换特征;

(2)测定临界雷诺数、掌握圆管流态判别准则;

(3)学习古典水力学中应用无量纲参数进行实验研究的方法,并了解其实际意义。

## 2 实验装置

实验装置如图3-6所示。它由能保持恒定水位的水箱、实验管段及能注入有色液体的部分组成。实验时,只要微微开启出水阀,并打开有色液体盒连接管上的小阀,色液即可流入圆管中,显示出层流或紊流的状态。

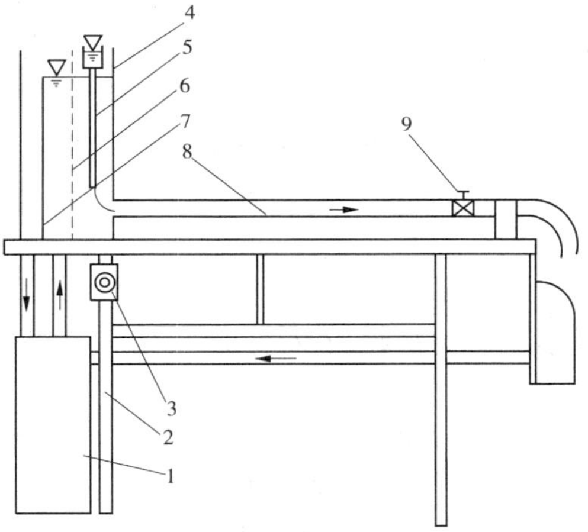


1—自循环供水器;2—实验台;3—可控硅无级调速器;4—恒压水箱;5—有色水水管;6—稳水孔板;7—溢水板;8—实验管道;9—实验调节流量阀

图3-6 雷诺实验装置

供水流量由无级调速器调控使恒压水箱4始终保持微溢流的程度,以提高进口前水体稳定度。本恒定水箱还设有多道稳水隔板,可使稳水时间缩短到3~5 min。有色水经有色水水管5注入实验管道8,可根据有色水散开与否判别流态。为防止自循环水污染,有色指标水采用自行消色的专用色水。

## 3 实验原理

实际液体在流动时，存在着两种不同的流态，即层流和紊流。这两种流态具有不同的运动特性，可用雷诺数 $Re$ 作为判别的依据。

圆管流流态的判别准数用圆管雷诺数表示

$$Re = \frac{vd}{\nu} = \frac{4Q}{\pi d\nu} = kQ \tag{3-18}$$

$$k = \frac{4}{\pi d\nu} \tag{3-19}$$

式中 $v$——流体流速；

$\nu$——流体运动黏滞系数；

$d$——圆管直径；

$Q$——圆管内过流流量。

雷诺曾用多种管径的管道和不同的液体进行实验，发现临界流速随管径 $d$ 和运动黏滞系数 $\nu$ 变化，但$\frac{v_c d}{\nu}$值却较为固定，用 $Re_c$ 表示，即

$$Re_c = \frac{v_c d}{\nu} \tag{3-20}$$

由于临界流速有两个，故临界雷诺数也有两个，当流量由零逐渐增大时，产生一个上临界雷诺数 $Re_c$；当流量由大逐渐减小时，产生一个下临界雷诺数 $Re_c$。上临界雷诺数受外界干扰，数值不稳定，而下临界雷诺数比较稳定，雷诺经反复测试，测得圆管水流下临界雷诺数 $Re_c$ 值为 2 320。因此，一般以下临界雷诺数作为判别流态的标准。当 $Re < Re_c = 2\,320$ 时，管中液体为层流；当 $Re > Re_c = 2\,320$ 时，管中液体为紊流。

## 4 实验步骤

(1)测量并记录本实验的有关常数，填入表 3-5。

(2)观察两种流态。

打开开关 3 使水箱充水至溢流水位，经稳定后，微微开启调节阀 9，并注入有色水于实验管内，使有色水流成一直线。通过有色水质点的运动观察管内水流的层流流态，然后逐步开大调节阀，通过有色水直线的变化观察层流转变到紊流的水力特征，待管中出现完全紊流后，再逐步关小调节阀，观察由紊流转变为层流的水力特征。

(3)测定下临界雷诺数。

①将调节阀打开，使管中呈完全紊流，再逐步关小调节阀使流量减小。当流量调节到使有色水在全管刚呈现出一稳定直线时，即为下临界状态。

②待管中出现临界状态时，用体积法测定流量。

③根据所测流量计算下临界雷诺数，并与公认值(2 320)比较，若偏离过大，需重测。

④重新打开调节阀，使其形成完全紊流，按照上述步骤重复测量不少于 3 次。

⑤同时用水箱中的温度计测记水温，从而求得水的运动黏度。

(4)测定上临界雷诺数。

逐渐开启调节阀,使管中水流由层流过渡到紊流,当有色水线刚开始散开时,即为上临界状态,测定上临界雷诺数 1 ~2 次。

## 5 注意事项

(1)每调节阀门一次,均需等待稳定几分钟;

(2)关小阀门过程中,只许逐渐关小,不许时关时开;

(3)随出水流量减小,应适当调小开关(右旋),以减小溢流量引发的扰动;

(4)实验中不要推、压实验台,以防水体受到扰动。

## 6 实验数据记录及成果整理

实验日期:________________ 实验者:________________

仪器编号:________________

管径 $d$ = ______________ cm 水温 $t$ = ____________ ℃

运动黏滞系数 $\nu = \dfrac{0.01775}{1+0.0337t+0.000221t^2}$ = __________ $cm^2/s$

计算常数 $k$ = __________ $s/cm^3$

表 3-5 记录计算表

| 实验次序 | 有色水线形态 | 水体积 $V$ ($cm^3$) | 时间 $t$ (s) | 流量 $Q$ ($cm^3/s$) | 雷诺数 $Re$ | 阀门开度 增(↑)或减(↓) | 说明 |
|---|---|---|---|---|---|---|---|
| 1 | | | | | | | |
| 2 | | | | | | | |
| 3 | | | | | | | |
| 4 | | | | | | | |
| 5 | | | | | | | |
| 6 | | | | | | | |
| 7 | | | | | | | |
| 8 | | | | | | | |
| 9 | | | | | | | |
| 10 | | | | | | | |
| 实测下临界雷诺数(平均值)$\overline{Re_c}$ = | | | | | | | |

注:有色水线形态是指稳定直线、稳定略弯曲、直线摆动、直线抖动、断续、完全散开等。

## 7 思考题

(1)流态判别依据为何采用无量纲参数,而不采用临界流速?

(2)为何认为上临界雷诺数无实际意义，而采用下临界雷诺数作为层流和紊流的判别依据？实测下临界雷诺数$\overline{Re_c}$是否与公认值有偏离？为什么？

(3)雷诺实验得出的圆管流动下临界雷诺数为2 320，而目前一般教科书中介绍采用的下临界雷诺数为2 000，为什么？

(4)分析层流和紊流在运动学特性和动力学特性方面各有何差异？

# 任务5　沿程水头损失实验

## 1　实验目的

(1)加深了解圆管层流和紊流的沿程水头损失与断面平均流速的关系，绘制 $\lg h_f \sim \lg v$ 曲线。

(2)掌握测定管道沿程水头损失系数 $\lambda$ 的方法。

(3)绘制沿程水头损失系数 $\lambda$ 与雷诺数 $Re$ 的对数关系曲线并与莫迪图进行比较，加深对沿程水头损失系数 $\lambda$ 的理解。

## 2　实验装置

实验装置如图3-7所示。低压差用水压差计量测；而高压差用电子量测仪量测，其仪器如图3-8所示。

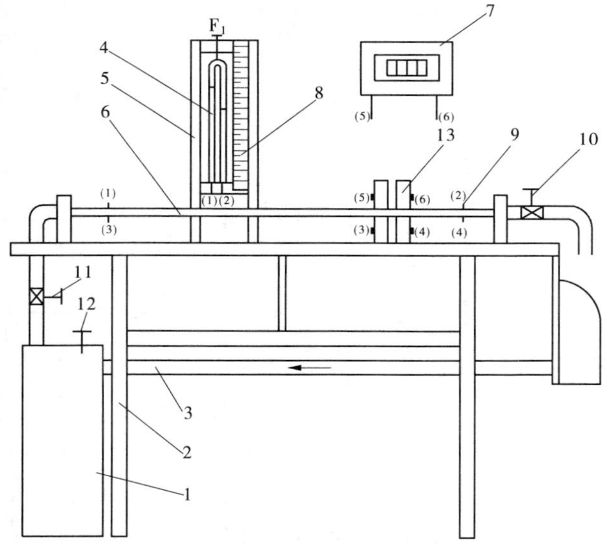


1—自循环高压恒定全自动供水器；2—实验台；3—回水管；4—水压差计；
5—水压差计支架；6—实验管道；7—电测压差仪；8—滑动测量尺；9—测压点；
10—流量调节阀；11—供水管与供水阀；12—旁通管与旁通阀；13—电测仪稳压筒

**图3-7　自循环沿程水头损失实验装置**

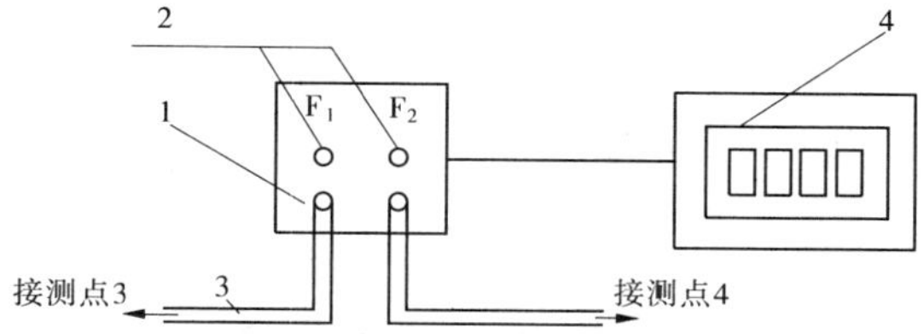


1—压力传感器;2—排气旋钮;3—连通管;4—主机及显示器

**图 3-8　电测压差仪的组成**

沿程阻力实验装置配备如下:

(1)自动水泵与稳压器。自循环高压恒定全自动供水器由离心泵、自动压力开关、气-水压力罐式稳压器等组成。压力超高时能自动停机,过低时能自动开机。为避免因水泵直接向实验管道供水而造成的压力波动等影响,离心泵的输水是先进入稳压器的压力罐,经稳压后再送向实验管道。

(2)旁通管与旁通阀。由于本实验装置所采用水泵的特性,在供小流量时有可能时开时停,从而造成供水压力的较大波动。为了避免出现这种情况,供水器设有与蓄水箱直通的旁通管(图中未标出),通过分流可使水泵持续稳定运行。旁通管中设有调节分流量至蓄水箱的阀门,即旁通阀,实验流量随旁通阀开度的减小(分流量减小)而增大。实际上旁通阀又是本装置用以调节流量的重要阀门之一。

(3)稳压筒。为了简化排气,并防止实验中再进气,在传感器前连接有 2 只充水(不满顶)的密封立筒。

(4)电测压差仪。由压力传感器和主机两部分组成。经由连通管将其接入测点。压差读数(以厘米水柱为单位)通过主机显示,如图 3-8 所示。

## 3　实验原理

沿程水头损失是指单位重量的液体从一个断面流到另一个断面时,由于克服摩擦阻力消耗能量而损失的水头。这种水头损失随流程的增加而增加,且在单位长度上的损失率相同。

由达西公式

$$h_f = \lambda \frac{l}{d}\frac{v^2}{2g} \tag{3-21}$$

得

$$\lambda = \frac{h_f}{\dfrac{l}{d}\dfrac{v^2}{2g}} = \frac{2gdh_f}{l}\left(\frac{\dfrac{\pi}{4}d^2}{Q}\right)^2 = K\frac{h_f}{Q^2} \tag{3-22}$$

$$K = \frac{\pi^2 g d^5}{8l} \tag{3-23}$$

另由能量方程对水平等直径圆管可得

$$h_f = \frac{p_1 - p_2}{\gamma} \tag{3-24}$$

压差可由水压差计、电测压差仪测得。

## 4 实验步骤

(1)对照装置图和说明,搞清各组成部件的名称、作用及其工作原理;检查蓄水箱水位是否够高及旁通阀12是否已关闭。否则予以补水并关闭阀门;记录有关实验常数:工作管内径 $d$ 和实验管长 $l$(标志于蓄水箱),填入表3-6。

(2)启动水泵。本供水装置采用的是自动水泵,接通电源,全开阀12,打开供水阀11,水泵自动开启供水。

(3)调通量测系统。

①夹紧水压计止水夹,打开调节阀10和供水阀11,关闭旁通阀12,启动水泵排除管道中的气体。

②全开阀12,关闭阀10,松开水压计止水夹,并旋松水压计的旋塞 $F_1$,排除水压计中的气体。随后,关阀11,开阀10,使水压计的液面降至标尺零指示附近,即旋紧 $F_1$。再次开启阀11并立即关闭阀10,稍候片刻检查水压计是否齐平,如不平则需重调。

③水压计齐平时,则可旋开电测仪排气旋钮,对电测仪的连接水管通水、排气,并将电测仪调至"000"显示。

(4)实验装置通水排气后,即可进行实验测量。在阀12、阀11全开的前提下,逐次开大调节阀10,每次调节流量时,均需稳定2~3 min,流量愈小,稳定时间愈长;测流时间不小于8~10 s;测流量的同时,需测记水压差计(或电测压差仪)、温度计(应挂在水箱中)等读数。

①层流段:应在水压计 $\Delta h$ =20 $mmH_2O$(夏季)~30 $mmH_2O$(冬季)量程范围内,测记3~5组数据。

②紊流段:夹紧比压计止水夹,开大流量,用电测仪记录 $h_f$ 值,每次增量可按 $\Delta h$ =100 $cmH_2O$ 递加,直至测出最大的 $h_f$ 值。阀的操作次序是当阀11、阀10开至最大后,逐渐关阀12,直至 $h_f$ 显示最大值。

(5)结束实验前,应全开阀12,关闭阀10,检查水压差计与电测压差仪是否指示为零,若均为零,则关闭阀11,切断电源。否则,表明压力计已进气,需重做实验。

## 5 注意事项

(1)实验过程中,每改变一次流量,都要等到水流平稳后,再进行量测。

(2)量测过程中应注意不要碰撞设备,开关阀门要轻微缓慢,并保持实验环境的安静,以尽可能减少外界对水流的干扰。

(3)紊流段用水压差计测量压差时,压差计液面有微小波动,应读取上下波动范围的平均值。

## 6　实验数据记录

实验日期:________________　实验者:________________

仪器编号:________________

管径 $d$ = ________________ cm　量测段长度 $l$ = ____________ cm

常数 $K=\pi^2 g d^5/(8l)$ = ____________

表 3-6　记录计算表

| 次序 | 体积 ($cm^3$) | 时间 (s) | 流量 ($cm^3/s$) | 流速 $v$ (cm/s) | 水温 (℃) | 黏滞系数 $\nu$ ($cm^2/s$) | 雷诺数 $Re$ | 比压计、电测仪读数(cm) $h_1$ | $h_2$ | 沿程损失 $h_f$ (cm) | 沿程损失系数 $\lambda$ | $Re<2\ 320$ $\lambda=64/Re$ |
|---|---|---|---|---|---|---|---|---|---|---|---|---|
| 1 | | | | | | | | | | | | |
| 2 | | | | | | | | | | | | |
| 3 | | | | | | | | | | | | |
| 4 | | | | | | | | | | | | |
| 5 | | | | | | | | | | | | |
| 6 | | | | | | | | | | | | |
| 7 | | | | | | | | | | | | |
| 8 | | | | | | | | | | | | |
| 9 | | | | | | | | | | | | |
| 10 | | | | | | | | | | | | |

## 7　实验成果整理

绘制 $\lg h_f \sim \lg v$ 曲线,确定指数关系值 $m$ 的大小。在坐标纸上分别以 $\lg h_f$ 为横坐标,以 $\lg v$ 为纵坐标,点绘 $\lg h_f \sim \lg v$ 关系曲线(见图 3-9),并根据具体情况连成一段或几段直线。直线斜率的公式为

$$m=\frac{\lg h_{f_2}-\lg h_{f_1}}{\lg v_2-\lg v_1} \tag{3-25}$$

将从图 3-9 上求得的 $m$ 值与已知各流区的 $m$ 值(即层流区 $m=1$,光滑管流区 $m=1.75$,紊流过渡区 $1.75<m<2.0$,粗糙管紊流区 $m=2.0$)进行比较,确定流区。

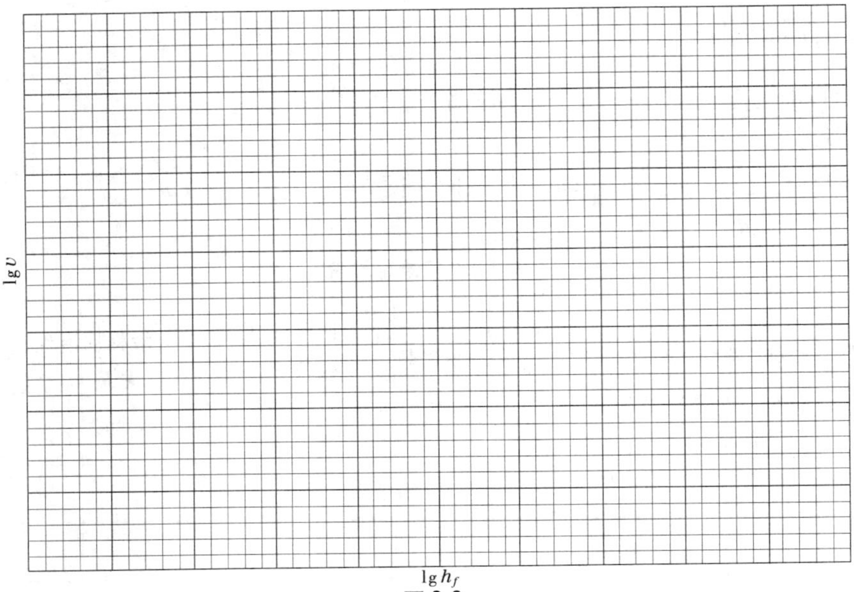

图 3-9

## 8 思考题

(1)压差计中的读数是否随着实验管道的倾斜放置而发生变化？为什么？

(2)随着管道使用年限的增加，$\lambda \sim Re$ 关系曲线有什么变化？

(3)本次实验结果与莫迪图吻合与否？试分析其原因。

# 任务6 局部水头损失实验

## 1 实验目的

(1)掌握测定管道局部水头损失系数 $\zeta$ 的方法。

(2)将管道局部水头损失系数的实测值与理论值进行比较。

(3)观测管径突然扩大时旋涡区测压管水头线的变化情况和水流情况，以及其他各种边界突变情况下的测压管水头线的变化情况。

## 2 实验装置

本实验装置如图3-10所示。在自循环恒定管道流上布置了突扩管、突缩管、90°弯管、180°弯管、90°直角管和阀门，并接上相应的测压管。管中流速可用阀门来调节，并设置专用水箱进行流量的量测。

## 3 实验原理

当边界的形状、尺寸沿着流程产生急剧改变时，水流就会与边界分离出现旋涡以及水

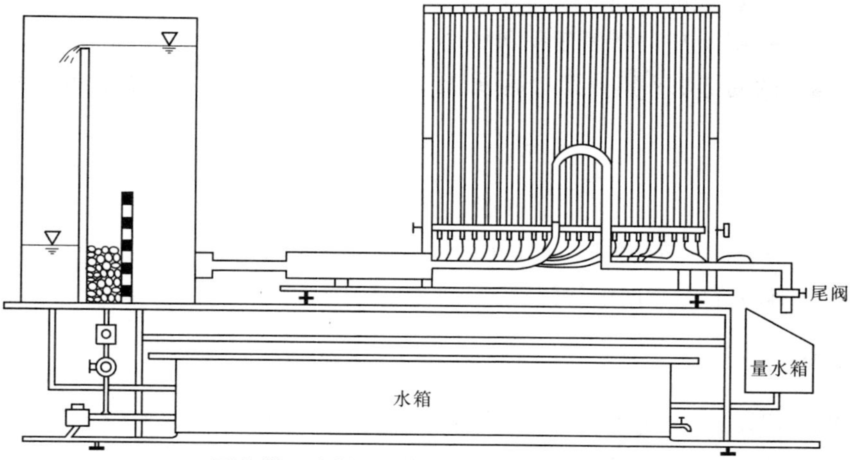


图3-10 自循环局部水头损失实验装置

流流速分布的改组，从而消耗一部分机械能。这部分损失可以看成是集中损失在管道边界的突变处，单位质量液体承担的这部分能量损失称为局部水头损失。

边界形状的改变有水流断面的突然扩大或突然缩小，弯道、管道进出口及管路上安装阀门等。

局部水头损失常用流速水头与一系数的乘积表示，即

$$h_j = \zeta \frac{v^2}{2g} \tag{3-26}$$

式中 $\zeta$——局部水头损失系数，是流动形状与边界形状的函数，可以通过查阅水力计算手册得到一些常见管道的 $\zeta$ 经验值或经验公式。

需要特别注意的是，当上下游断面平均流速不同时，应明确它对应的是哪个流速水头，尤其是断面突然扩大的管道。通常情况下对应下游的流速水头。

同沿程水头损失系数的计算方法已知，可以根据实测的局部水头损失大小（即断面突变前后的测压管水头差）和流速大小，由以下公式计算得到局部水头损失系数：

$$\zeta = \frac{h_j}{\frac{v^2}{2g}} \tag{3-27}$$

管道局部水头损失目前仅有突然扩大可采用理论分析，并可得出足够精确的结果，其他情况则需要用实验方法测定。突然扩大的局部水头损失可应用动量方程与能量方程及连续方程联合求解得到。

若用扩大后的流速水头表示，则为

$$h_j = \zeta_2 \frac{v_2^2}{2g}, \quad \zeta_2 = \left(\frac{A_2}{A_1} - 1\right)^2 \tag{3-28}$$

若用扩大前的流速水头表示，则为

$$h_j = \zeta_1 \frac{v_1^2}{2g}, \quad \zeta_1 = \left(1 - \frac{A_1}{A_2}\right)^2 \tag{3-29}$$

式中 $A_1$、$v_1$——扩大前的断面面积和平均流速；

$A_2$、$v_2$——扩大后的断面面积和平均流速。

突然缩小的局部水头损失无法通过理论分析得到，参照水力学手册可得到其经验公式：

$$h_j = \zeta \frac{v_2^2}{2g}, \quad \zeta = 0.5\left(1 - \frac{A_2}{A_1}\right) \tag{3-30}$$

式中 $A_1$、$A_2$——缩小前后的断面面积；

$v_2$——缩小后的断面平均流速。

## 4 实验步骤

(1)熟悉仪器，记录量水箱尺寸、试验管道直径等有关常数，填入表3-7。

(2)检查各测压管的橡皮管接头是否接紧。

(3)启动抽水机，打开进水阀门，使水箱充水，并保持溢流，使水位恒定。

(4)检查尾阀全关时测压管的液面是否齐平，若不平则需进行排气调平（多开关几次排走气泡）。

(5)慢慢打开尾阀，待2～3 min流动稳定后，选择突变断面进行量测，同时用体积法测量管道流量，并将结果记录到表中相应位置。

(6)调节尾阀改变流量，重复测量5次，并按顺序记录数据。

(7)实验结束，关闭上游阀门，关闭电源开关，拔掉电源插头。

## 5 注意事项

(1)实验开始前，检查自循环水箱中的水位是否达到水箱高度的2/3以上，如不满足应向水箱中加水。

(2)实验过程中，每改变一次流量，都要等到水流稳定后方可进行量测。

(3)所选量测断面应选在渐变流上，尤其下游断面应选在旋涡区的末端，即主流恢复并充满全管的断面上。

(4)用体积法测流量时，测量时间越长则计算的流量越精确，特别是流量比较小时，更应注意延长测量时间。

(5)每次开关阀门调节流量时要轻缓，且幅度不宜过大。

## 6 实验数据记录

实验日期：__________ 实验者：__________

仪器编号：__________

量水箱长________ cm 宽________ cm 阀门处管径 $d$ = ________ cm。

突扩管管径：$d_1$ = ________ cm $d_2$ = ________ cm

突缩管管径：$d_1$ = ________ cm $d_2$ = ________ cm

表 3-7 实验数据记录表 (单位:cm)

| 测次 | 突扩管 | | 突缩管 | | 90°弯管 | | 180°弯管 | | 90°直角管 | | 阀门 | | 量水箱 | | |
|---|---|---|---|---|---|---|---|---|---|---|---|---|---|---|---|
| | $H_1$ | $H_2$ | $H_1$ | $H_2$ | $H_1$ | $H_2$ | $H_1$ | $H_2$ | $H_1$ | $H_2$ | $H_1$ | $H_2$ | 初水位 | 末水位 | 时间(s) |
| 1 | | | | | | | | | | | | | | | |
| 2 | | | | | | | | | | | | | | | |
| 3 | | | | | | | | | | | | | | | |
| 4 | | | | | | | | | | | | | | | |
| 5 | | | | | | | | | | | | | | | |

## 7 实验结果

(1)整理实验数据,进行有关计算,完成实验计算表 3-8。

(2)列出突扩管和突缩管的局部水头损失系数的理论值或经验值,与实测值进行比较。

有关常数:量水箱面积 $A=$ ____________ $cm^2$。

表 3-8 实验计算表

| 测次 | | 1 | 2 | 3 | 4 | 5 | 实测平均值 |
|---|---|---|---|---|---|---|---|
| 量水箱水位差(cm) | | | | | | | |
| 体积($cm^3$) | | | | | | | |
| 流量($m^3/s$) | | | | | | | |
| 突扩管 | $h_j$(cm) | | | | | | |
| | $v_2$(cm/s) | | | | | | |
| | $\zeta$ | | | | | | |
| 突缩管 | $h_j$(cm) | | | | | | |
| | $v_2$(cm/s) | | | | | | |
| | $\zeta$ | | | | | | |
| 90°弯管 | $h_j$(cm) | | | | | | |
| | $v_2$(cm/s) | | | | | | |
| | $\zeta$ | | | | | | |

续表 3-8

| 测次 | | 1 | 2 | 3 | 4 | 5 | 实测平均值 |
| --- | --- | --- | --- | --- | --- | --- | --- |
| 180°弯管 | $h_j$(cm) | | | | | | |
| | $v_2$(cm/s) | | | | | | |
| | $\zeta$ | | | | | | |
| 90°直角管 | $h_j$(cm) | | | | | | |
| | $v_2$(cm/s) | | | | | | |
| | $\zeta$ | | | | | | |
| 阀门 | $h_j$(cm) | | | | | | |
| | $v_2$(cm/s) | | | | | | |
| | $\zeta$ | | | | | | |

## 8 思考题

(1)突扩管和突缩管的局部水头损失系数的实测值与理论值或经验值是否有差别？原因何在？

(2)本实验中是否考虑了沿程水头损失？对所测出的局部水头损失系数 $\zeta$ 值有何影响？在工程中使用此值是否可靠？

(3)在相同管径和相同流量下，突扩管的 $\zeta$ 值和突缩管的 $\zeta$ 值是否一致？试分析其原因。

(4)局部水头损失系数 $\zeta$ 值是否和雷诺数有关？通常值是否为一常数？

# 任务 7 明渠水跃实验

## 1 实验目的

(1)观察水跃现象，了解水跃的结构与基本特征。

(2)测定矩形平底明槽中自由水跃的共轭水深，验证水跃的基本方程。

(3)测定水跃长度，验证水跃长度的经验公式。

(4)观察下游水深的变化对水跃位置的影响，以及不同跃前断面的弗劳德数对应的水跃类型。

## 2 实验装置

本实验装置如图 3-11 所示，在玻璃水槽中装有实用堰，并在水槽首部装有带刻度的直角薄壁堰，用来量测水槽的流量，水槽尾部设有活动阀门用以控制下游水位，控制水槽中活动测针沿轨道移动以测量上下游水位。

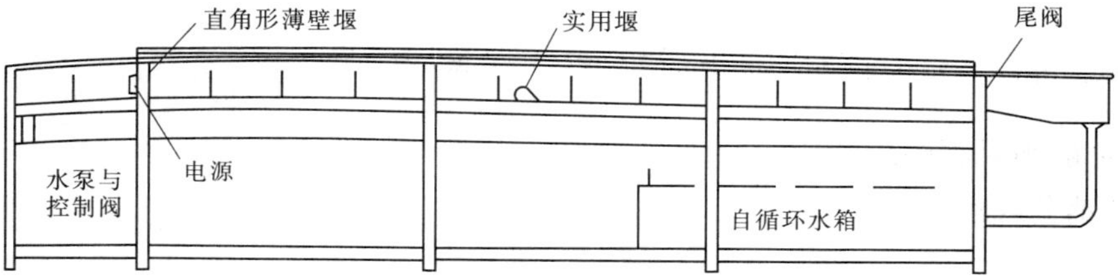


图 3-11 水跃实验装置

## 3 实验原理

### 3.1 水跃的产生

水跃是指明渠水流由急流过渡到缓流状态时，形成的局部水面突然跃起的水力现象。即在较短的渠段内水深由小于临界水深急剧跃升到大于临界水深，如图 3-12 所示。水跃由表面旋滚区和下部主流区组成，其中跃前急流断面水深 $h_1$ 称为跃前水深，跃后缓流断面水深 $h_2$ 称为跃后水深，跃后水深与跃前水深之差 $a$ 称为水跃高度，跃前断面至跃后断面的水平距离 $L_j$ 称为水跃长度。

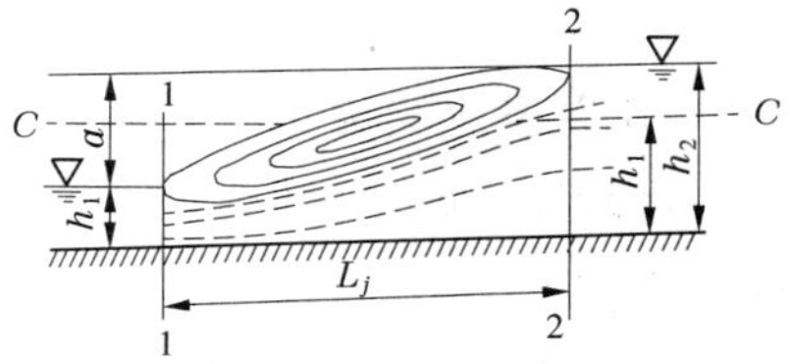

图 3-12 水跃

### 3.2 水跃基本方程

取 1—1 和 2—2 断面间区域为控制体，水跃跃前水深和跃后水深之间的关系满足水跃基本方程，由于水跃中能量损失很大，不可忽略且未知，不适用能量方程求解，因此用动量方程进行推导。

对于平坡棱柱形渠道，其水跃基本方程为

$$\frac{\beta\rho Q^2}{A_1} + \gamma h_{c1}A_1 = \frac{\beta\rho Q^2}{A_2} + \gamma h_{c2}A_2 \quad (3\text{-}31)$$

或表示成水跃函数：

$$\frac{\beta\rho Q^2}{A} + \gamma h_c A = \theta(h) \quad (3\text{-}32)$$

式(3-31)、式(3-32)表明，在平坡明渠中，水跃前后两断面水跃函数值相等，把这两个水深称为共轭水深。水跃函数可以绘制成水跃函数曲线，如图 3-13 所示。

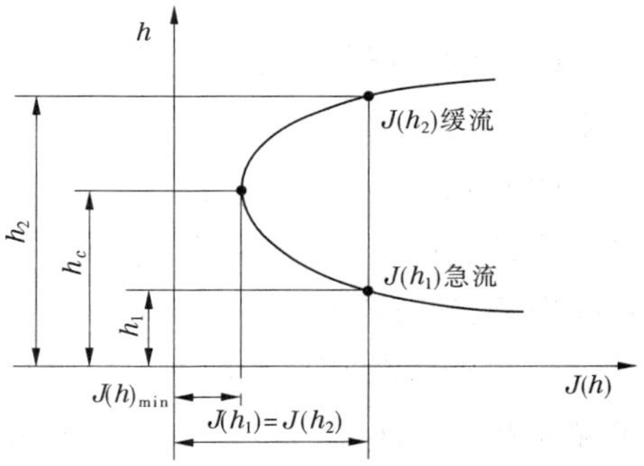


图 3-13 水跃函数曲线

### 3.3 矩形断面明渠中共轭水深的计算

在矩形断面明渠中，根据跃前、跃后水深的共轭关系，水跃的跃前水深和跃后水深可直接由水跃方程求解：

$$h_2 = \frac{h_1}{2}\left(\sqrt{1 + 8Fr_1^2} - 1\right) \quad (3\text{-}33)$$

$$h_1 = \frac{h_2}{2}(\sqrt{1 + 8Fr_2^2} - 1) \tag{3-34}$$

式中　$Fr_1$、$Fr_2$——跃前断面和跃后断面的弗劳德数，$Fr = \frac{v}{\sqrt{gh}}$。

### 3.4　矩形断面明渠的水跃长度公式

吴持恭公式：

$$L_j = 10(h_2 - h_1)Fr_1^{-0.32} \tag{3-35}$$

欧勒弗托斯基公式：

$$L_j = 6.9(h_2 - h_1) \tag{3-36}$$

陈椿庭公式：

$$L_j = 9.4(Fr_1 - 1)h_1 \tag{3-37}$$

### 3.5　水跃发生的位置和水跃形式

水跃发生的位置取决于收缩断面水深 $h_{c01}$ 的共轭水深 $h_{c02}$ 与下游断面的水深 $h_t$ 之间的关系如下：

(1)当 $h_t = h_{c02}$ 时，跃前断面正好在收缩断面，这种水跃称为临界水跃。

(2)当 $h_t < h_{c02}$ 时，由共轭水深的关系可知，跃后水深较小时对应的跃前水深较大，因此水流从收缩断面起要经过一段急流壅水后，水深由 $h_{c01}$ 增至下游断面的水深 $h_t$ 的共轭水深后再发生水跃，这种水跃称为远离水跃。

(3)当 $h_t > h_{c02}$ 时，下游水深对应一个比收缩断面水深 $h_{c01}$ 更小的跃前水深，而建筑物下游的最小水深是收缩断面水深，因此水跃只能淹没收缩断面，形成淹没式水跃。

## 4　实验步骤

(1)熟悉仪器，记录直角薄壁堰堰顶测针读数 $\nabla_0$，实用堰下游槽底测针读数 $\nabla_{底}$ 等有关常数。

(2)打开进水阀和尾部阀门，并调节尾部阀门至最大，保持堰流为自由出流，待水流稳定后，调节下游尾部阀门，使水槽内分别产生远离水跃、临界水跃和淹没水跃，观察不同水跃现象，并草绘水跃段水流流动示意图。

(3)待水流稳定后，量测水槽进口处的直角形薄壁堰的水面水位读数，移动水位测针量测水跃的跃前、跃后断面的水面读数 $\nabla_1$ 和 $\nabla_2$，并用钢尺量测水跃长度 $L_j$。

(4)改变流量，重复上述过程 8 次，并记录有关数据，填入表 3-9。同时观察不同弗劳德数 $Fr_1$ 的水跃类型。

(5)实验完毕，关闭进水阀门，关闭电源开关。

## 5　注意事项

(1)在水跃段由于水流紊动强度大，水跃位置前后摆动，跃前水深和跃后水深也随着紊动而变化，在测量时要观察一段时间，选取一适当水跃位置，同时用粉笔在水槽玻璃上记下跃前断面、跃后断面的水面点的时均值,再进行量测。

(2)在量测水跃长度时,通常用几段红色毛线自上而下均匀地拴在竖杆上来判断跃后断面的位置。将竖杆在跃后断面附近前后移动,一旦杆上的毛线全部指向下游,此断面即为跃后断面。

## 6 实验数据记录

实验日期:________________ 实验者:________________

仪器编号:________________

水槽宽度 $B$ = ______________ cm

直角薄壁堰堰顶水位 $\nabla_0$ = ____________ cm

下游槽底测针读数 $\nabla_{底}$ = ____________ cm

表 3-9 实验数据记录表 (单位:cm)

| 测次 | 跃前断面水面读数 $\nabla_1$ | 跃后断面水面读数 $\nabla_2$ | 水跃长度 $L_j$ | 直角薄壁堰水面读数 $\nabla$ | 水跃类型 |
|---|---|---|---|---|---|
| 1 | | | | | |
| 2 | | | | | |
| 3 | | | | | |
| 4 | | | | | |
| 5 | | | | | |
| 6 | | | | | |
| 7 | | | | | |
| 8 | | | | | |

## 7 实验结果

(1)整理实验数据,进行有关计算,完成表 3-10。

薄壁堰流量计算公式:

$$Q = 1.365H^{2.48} \tag{3-38}$$

式中 $H$——薄壁堰堰顶水头。

表 3-10　实验计算表

| 测次 | | 1 | 2 | 3 | 4 | 5 | 6 | 7 | 8 |
|---|---|---|---|---|---|---|---|---|---|
| 薄壁堰 | 堰顶水头 $H$(cm) | | | | | | | | |
| | 流量 $Q$($cm^3/s$) | | | | | | | | |
| 跃前 | 水深 $h_1$(cm) | | | | | | | | |
| | 断面面积 $A_1$($cm^2$) | | | | | | | | |
| | 断面流速 $v_1$(cm/s) | | | | | | | | |
| | 断面 $Fr_1$ | | | | | | | | |
| | 共轭水深 $h_2'$(cm) | | | | | | | | |
| 跃后 | 水深 $h_2$(cm) | | | | | | | | |
| | 共轭水深 $h_1'$(cm) | | | | | | | | |
| $h_2/h_1$ | | | | | | | | | |
| $\frac{1}{2}(\sqrt{1+8Fr_1^2}-1)$ | | | | | | | | | |
| 水跃长度经验值 | 吴持恭公式 | | | | | | | | |
| | 欧勒弗托斯基公式 | | | | | | | | |
| | 陈椿庭公式 | | | | | | | | |

(2)以 $Fr_1$ 为横坐标，$h_2/h_1$ 为纵坐标，点绘$\frac{h_2}{h_1}\sim Fr_1$ 关系实测曲线(见图 3-14)，同时用共轭水深公式计算 $\frac{h_2}{h_1}=\frac{1}{2}(\sqrt{1+8Fr_1^2}-1)$，并点绘 $\frac{h_2}{h_1}\sim Fr_1$ 关系理论曲线，进行对比分析。

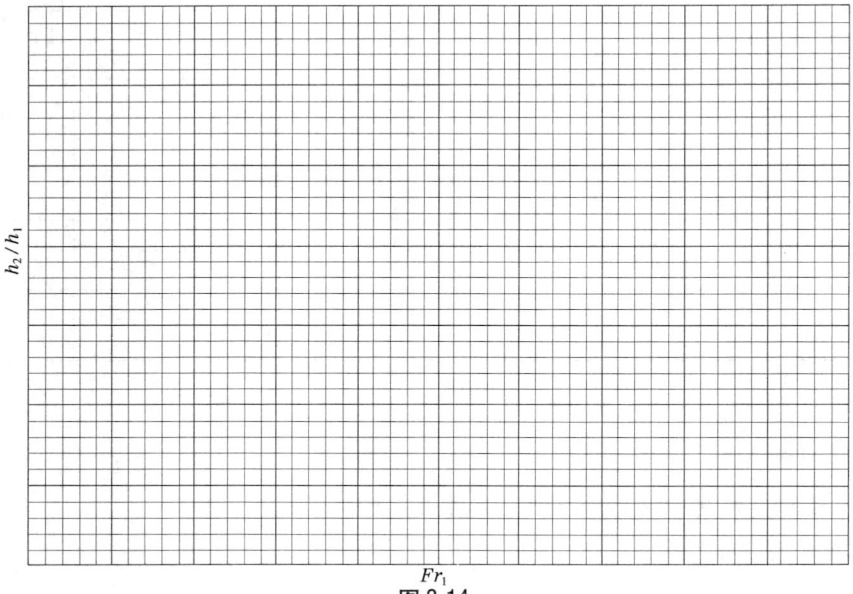


图 3-14

## 8　思考题

(1)如何更好地判断跃前水深和跃后水深的位置？

(2)试分析三种形式的水跃哪种消能效率要高些,为什么?

(3)当尾部阀门开度不变,改变流量时,水跃的跃前水深和跃后水深有何变化,水跃长度又有何改变,为什么?

(4)比较水跃长度的实测值和几个经验公式的计算结果,并进行分析。

# 任务8　孔口和管嘴出流实验

## 1　实验目的

(1)观察各种典型孔口及管嘴自由出流的水力现象,掌握薄壁孔口与管嘴出流的收缩系数 $\varepsilon$ 、流量系数 $\mu$ 、流速系数 $\varphi$ 、局部阻力系数 $\zeta$ 的量测方法。

(2)通过对不同管嘴与孔口的流量系数量测分析,了解进口形状对过流能力的影响,以及相关水力要素对孔口出流能力的影响。

## 2　实验装置

本实验装置如图3-15所示,各种孔口与管嘴均位于水箱的侧壁上,孔内径均为 $d$ 。水箱由设于下方的自循环供水管不停供水,箱内设有溢流板以保持水头恒定,同时设有稳水栅以保证水流均匀。各种孔口和管嘴均有盖子以控制出流。在圆柱形管嘴收缩断面处设测压管,以观察真空现象并量测真空值。用箱壁测压管量测工作水头 $H$ ,用卡钳量测孔径 $d$ 与收缩直径 $d_c$ ,实验流量 $Q$ 用体积法量测。

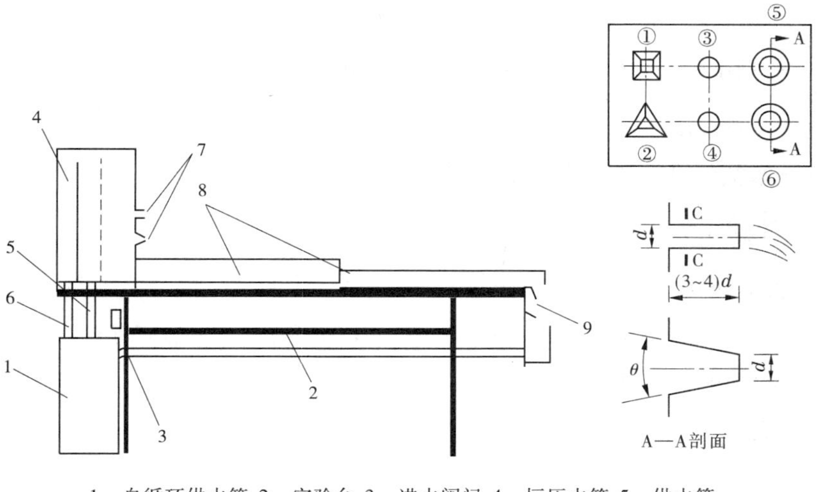


1—自循环供水箱;2—实验台;3—进水阀门;4—恒压水箱;5—供水管;
6—溢水管;7—孔口管嘴;8—回水槽;9—量水箱;A—A 剖面:
①—正方形薄壁堰孔口;②—三角形薄壁堰孔口;③—圆形薄壁孔口;
④—圆形圆边孔口;⑤—圆柱形管嘴;⑥—圆锥形管嘴

**图3-15　孔口出流实验设备**

## 3　实验原理

### 3.1　孔口与管嘴出流

在盛有液体的容器侧壁上开一小孔，液体质点在一定水头作用下，从各个方向流向孔口，并以射流状态流出，由于水流作用的惯性，在流经孔口后，断面会发生收缩现象，在距离孔口大约 $d/2$ 的地方收缩完毕并达到最小值，形成收缩断面。

若在孔口上装一段长为$(3\sim4)d$ 的短管，此时水流的出流现象变为典型的管嘴出流。当液体流经管嘴时，在管嘴进口处，液流仍有收缩现象，使收缩断面的流速大于出口流速。因此，管嘴收缩断面处的动水压强必小于大气压强，在管嘴内形成真空，器真空度约为 $0.75H_0$($H_0$ 为作用水头)，真空度的存在相当于提高了管嘴的作用水头。因此，管嘴的过流能力比相同尺寸及相同作用水头的孔口大 32%。

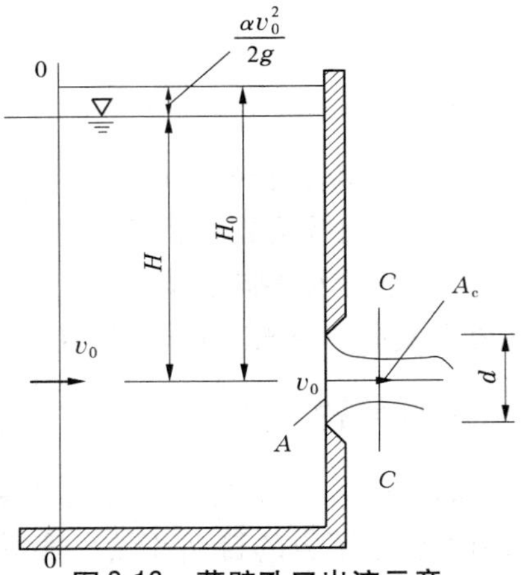

图 3-16　薄壁孔口出流示意

### 3.2　薄壁孔口出流

薄壁孔口出流如图 3-16 所示。

(1)小孔口自由出流。自由出流的收缩断面上相对压强均为零，取上游断面 0—0 和收缩断面 C—C 列能量方程，分析整理可得收缩断面流速：

$$v_c = \frac{1}{\sqrt{\alpha_c + \zeta_0}}\sqrt{2gH_0} \tag{3-39}$$

式中　$H_0$——作用水头，$H_0 = H + \frac{\alpha v_0^2}{2g}$，若不计行近流速水头 $\frac{\alpha v_0^2}{2g}$，也可写成 $v_c = \varphi\sqrt{2gH}$；

$\zeta_0$——水流经孔口的局部阻力系数；

$\varphi$——流速系数，$\varphi = \frac{1}{\sqrt{\alpha_c + \zeta_0}} \approx \frac{1}{\sqrt{1+\zeta_0}}$。

因此，流量公式为

$$Q = v_c A_c = \varphi A_c\sqrt{2gH} = \varphi\varepsilon A\sqrt{2gH} = \mu A\sqrt{2gH} \tag{3-40}$$

式中　$A_c$——收缩断面面积；

$\varepsilon$——收缩系数，$\varepsilon = \frac{A_c}{A}$；

$\mu$——孔口的流量系数，$\mu = \varepsilon\varphi$。

(2)小孔口淹没出流的相应公式只需将作用总水头 $H_0$ 改成孔口上下游水位差即可。

(3)大孔口出流的流量公式仍然采用小孔口的，只是相应的作用水头 $H_0$ 应为大孔口形心处的水头，其流量系数 $\mu$ 值因收缩系数较小孔口大，因而流量系数也较大。

### 3.3　厚壁孔口出流

厚壁孔口出流与薄壁孔口出流的最大不同在于其收缩系数与边壁性质有关。注意收

缩系数公式 $\varepsilon = \frac{A_c}{A}$ 中的 $A$ 为孔口外侧面积，而孔边修圆后，收缩程度减小，收缩系数和流量系数都将增大。

### 3.4 圆柱形外伸管嘴出流

管嘴出流的水头损失由两部分组成：进口的局部水头损失与收缩断面后的扩大损失（忽略管嘴沿程水头损失），因此其水头损失大于孔口出流。但是管嘴出流为满管流动，收缩系数为1.0，所以流量系数仍比孔口出流大，其流量公式为

$$v = \frac{1}{\sqrt{\alpha + \zeta_n}} \sqrt{2gH_0} = \varphi_n \sqrt{2gH_0} \tag{3-41}$$

$$Q = \varphi_n A \sqrt{2gH_0} = \mu_n A \sqrt{2gH_0} \tag{3-42}$$

式中 $\zeta_n$——管嘴的局部阻力系数，即管道锐缘进口局部阻力系数，大小约为0.5；

$\varphi_n$——管嘴流速系数，$\varphi_n = \frac{1}{\sqrt{\alpha + \zeta_n}} \approx \frac{1}{\sqrt{1 + 0.5}} = 0.82$；

$\mu_n$——管嘴流量系数，因出口无收缩，$\mu_n = \varphi_n = 0.82$。

比较管嘴流量公式与孔口流量公式，可以发现二者的形式完全相同，但 $\mu_n = 1.32\mu$，可见在相同条件下，管嘴的过流能力是孔口的1.32倍。

## 4 实验步骤

（1）熟悉仪器，记录各种孔口与管嘴的直径 $d$、出流中心高程等有关常数，并检查各孔口管嘴盖子是否盖好。

（2）打开进水阀门，使恒压水箱充水至溢流后，打开①正方形薄壁堰孔口，待水面稳定后，观察分析其出流水股的收缩现象。然后用卡钳量测孔口出流收缩断面直径，多测几次，取其平均值 $d_c$，计算得出收缩断面面积 $A_c$，并用测压管量测相应的水头 $H$，用体积法测定流量 $Q$（要求重复测三次，时间要在15 s以上，以求准确），测量完毕，先旋转水箱内的旋板，将孔口的盖子旋紧盖好。

（3）以同样的方法，依次打开②三角形薄壁堰孔口、③圆形薄壁孔口和④圆形圆边孔口，进行观察和量测，并做相应的记录，填入表3-11。

（4）以同样的方法，依次打开⑤圆柱形管嘴和⑥圆锥形管嘴，观察分析其出流的收缩情况，观察和量测圆柱形管嘴出流时的真空高度值 $h_v$，用测压管量测出相应各管嘴的水头 $H$，用体积法测定流量 $Q$，并比较圆柱形与圆锥形管嘴（内径一致）的泄流情况。

（5）实验结束，将水箱中的水排空，关闭进水阀门，关闭电源开关，拔掉电源插头。

## 5 注意事项

（1）实验过程中，每次旋紧盖子盖好之前，先用旋板将进口盖掉，以免水花四溅。

（2）进水阀门不宜开得太大，以免水流溢出水箱，但一定要保持箱内溢流板随时有溢流，方可进行实验。

（3）为了在量测过程中保持水头恒定，避免相互干扰，量测哪个孔口就开启哪个孔口，以免溢流水头不恒定，影响实验精度。

## 6 实验数据记录

实验日期:________ 实验者:________

仪器编号:________

量水箱长________ cm 宽________ cm

正方形薄壁堰孔口边长 $a$ =________ cm 三角形薄壁堰孔口边长 $a$ =________ cm

圆形薄壁堰孔口的直径 $d$ =________ cm 圆形圆边孔口的直径 $d$ =________ cm

圆柱形管嘴的直径 $d$ =________ cm 圆锥形管嘴的出口直径 $d$ =________ cm

扩张角 $\theta$ =________°

**表 3-11 实验数据记录表** (单位:cm)

| 测次 | ①正方形薄壁堰孔口 | | | | | ②三角形薄壁堰孔口 | | | | |
|---|---|---|---|---|---|---|---|---|---|---|
| | 收缩断面直径 $d_c$ | 水头 $H$ | 量水箱 | | | 收缩断面直径 $d_c$ | 水头 $H$ | 量水箱 | | |
| | | | 初水位 | 末水位 | 时间 $t$ (s) | | | 初水位 | 末水位 | 时间 $t$ (s) |
| 1 | | | | | | | | | | |
| 2 | | | | | | | | | | |
| 3 | | | | | | | | | | |
| 测次 | ③圆形薄壁孔口 | | | | | ④圆形圆边孔口 | | | | |
| | 收缩断面直径 $d_c$ | 水头 $H$ | 量水箱 | | | 收缩断面直径 $d_c$ | 水头 $H$ | 量水箱 | | |
| | | | 初水位 | 末水位 | 时间 $t$ (s) | | | 初水位 | 末水位 | 时间 $t$ (s) |
| 1 | | | | | | | | | | |
| 2 | | | | | | | | | | |
| 3 | | | | | | | | | | |
| 测次 | ⑤圆柱形管嘴 | | | | | ⑥圆锥形管嘴 | | | | |
| | 收缩断面直径 $d_c$ | 水头 $H$ | 量水箱 | | | 收缩断面直径 $d_c$ | 水头 $H$ | 量水箱 | | |
| | | | 初水位 | 末水位 | 时间 $t$ (s) | | | 初水位 | 末水位 | 时间 $t$ (s) |
| 1 | | | | | | | | | | |
| 2 | | | | | | | | | | |
| 3 | | | | | | | | | | |

## 7　实验结果

整理实验数据，并进行有关计算，完成表 3-12。

表 3-12　实验计算表

| 进口形式 | 孔口断面面积 $A$(cm$^2$) | 收缩断面面积 $A_c$(cm$^2$) | 收缩系数 $\varepsilon$ | 量水箱水位差 (cm) | 体积 $V$ (cm$^3$) | 流量 $Q$ (cm$^3$/s) | 孔口流量系数 $\mu$ | 孔口流速系数 $\varphi$ | 孔口局部阻力系数 $\zeta_0$ |
| --- | --- | --- | --- | --- | --- | --- | --- | --- | --- |
| 正方形薄壁堰孔口 | | | | | | | | | |
| 三角形薄壁堰孔口 | | | | | | | | | |
| 圆形薄壁孔口 | | | | | | | | | |
| 圆形圆边孔口 | | | | | | | | | |
| 圆柱形管嘴 | | | | | | | | | |
| 圆锥形管嘴 | | | | | | | | | |

## 8　思考题

(1) 观察不同类型孔口与管嘴出流的流股特征，分析各种类型出流的流量系数不同的原因，以及增大过流能力的途径。

(2) 相同直径与水头条件下，为何管嘴的流量系数 $\mu$ 值比孔口的大，圆锥形管嘴的 $\mu$ 值比圆柱形管嘴的大？

# 任务 9　堰流实验

## 1　实验目的

(1) 观察不同 $\delta/H$ 的有坎、无坎宽顶堰或实用堰的水流现象，以及下游水位变化对宽顶堰过流能力的影响。

(2)掌握测量堰流流量系数 $m$ 和淹没系数 $\sigma$ 的实验技能,并测定无侧收缩宽顶堰的 $m$ 及 $\sigma$ 值。

## 2　实验装置

实验装置如图 3-17 所示。

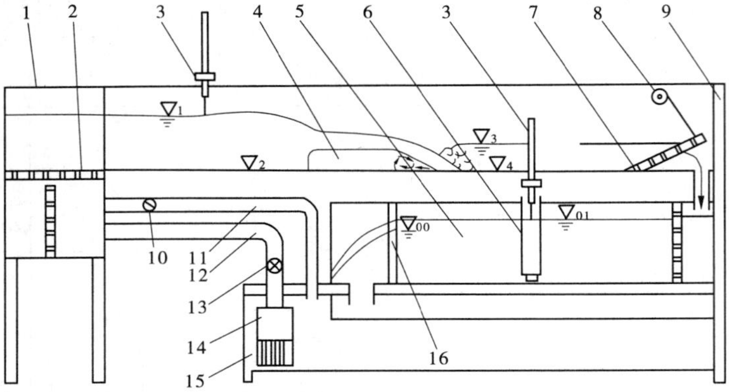


1—有机玻璃实验水槽;2—稳水孔板;3—测针;4—实验堰;5—三角堰量水槽;
6—三角堰水位测针筒;7—多孔尾门;8—尾门升降轮;9—支架;10—旁通管微调阀门;
11—旁通管;12—供水管;13—供水流量调节阀门;14—水泵;15—蓄水箱;16—三角堰板

**图 3-17　堰流实验装置**

本设备自循环供水,回水储存在蓄水箱 15 中。实验时,由水泵 14 向实验水槽 1 供水,水流经三角堰量水槽 5,流回到蓄水箱 15 中。水槽首部有稳水、消波装置,末端有多孔尾门及尾门升降机构。槽中可换装各种堰、闸模型。堰、闸上下游与三角堰量水槽水位分别用测针 3 与测针筒 6 量测。为量测三角堰堰顶高程配有专用校验器。

本设备通过变换不同堰体,可演示水力学课程中所介绍的各种堰流现象,以及其下游水面衔接型式。包括有侧收缩无坎及其他各种常见宽项堰流、底流、挑流、面流和戽流等现象。此外,还可演示平板闸下出流、薄壁堰流。同学们在完成规定的实验项目外,可任选其中一种或几种作实验观察,以拓宽感性知识面。

## 3　实验原理

(1)堰流流量公式。

自由出流:

$$Q = mb\sqrt{2g}H_0^{\frac{3}{2}} \tag{3-43}$$

淹没出流:

$$Q = \sigma mb\sqrt{2g}H_0^{\frac{3}{2}} \tag{3-44}$$

(2)堰流流量系数经验公式。

圆角进口宽顶堰:

$$m = 0.36 + 0.01\frac{3-\frac{P_1}{H}}{1.2+1.5\frac{P_1}{H}} \tag{3-45}$$

以上公式适用于 $0 < P_1/H < 3$ 的情况；当 $\frac{P_1}{H} \geqslant 3$ 时，$m = 0.36$ 。

直角进口宽顶堰：

$$m = 0.32 + 0.01\frac{3-\frac{P_1}{H}}{0.46+0.75\frac{P_1}{H}} \tag{3-46}$$

以上公式适用于 $0 < P_1/H < 3$ 的情况；当 $\frac{P_1}{H} \geqslant 3$ 时，$m = 0.32$ 。

WES 型标准剖面实用堰：

当 $\frac{P_1}{H_d} \geqslant 1.33$ 时，属高坝范围，$m$ 值如下：

当 $H_0 = H_d$ 时，$m = m_d = 0.502$；当 $H_0 \neq H_d$ 时，$m$ 值参见相关规定。

(3)淹没系数 $\sigma$ 的经验值。

本实验需测记渠宽 $b$ 、上游渠底高程 $\nabla_2$ 、堰顶高程 $\nabla_0$ 、宽顶堰厚度 $\delta$ 、流量 $Q$ 、上游水位 $\nabla_1$ 及下游水位 $\nabla_3$ 。还应检验是否符合宽顶堰条件 $2.5 \leqslant \frac{\delta}{H} \leqslant 10$。进而按下列各式计算确定上游堰高 $P_1$ 、行近流速 $v_0$ 、堰上水头 $H$ 和总水头 $H_0$ ：

$$P_1 = \nabla_0 - \nabla_2 \tag{3-47}$$

$$v_0 = \frac{Q}{B(\nabla_1 - \nabla_2)} \tag{3-48}$$

$$H = \nabla_1 - \nabla_0 \tag{3-49}$$

$$H_0 = H + \frac{\alpha v_0^2}{2g} \tag{3-50}$$

其中实验流量 $Q$ 由三角堰量水槽 5 测量，三角堰的流量公式为

$$Q = Ah^B \tag{3-51}$$

$$h = \nabla_{01} - \nabla_{00} \tag{3-52}$$

式中 $\nabla_{01}$、$\nabla_{00}$——三角堰堰顶水位(实测)和堰顶高程(实验时为常数)；

$A$、$B$——率定常数，由设备制成后率定，标明于设备铭牌上。

## 4 实验步骤(以宽顶堰为例)

(1)熟悉仪器，把设备各常数测记于实验表格(见表 3-13)中。

(2)根据实验要求流量，调节阀门 13 和下游尾门开度，使之形成堰下自由出流，同时满足 $2.5 \leqslant \frac{\delta}{H} \leqslant 10$ 的条件。待水流稳定后，观察宽顶堰自由出流的流动情况，定性绘出其水面线图。

(3)用测针测量堰的上、下游水位。在实验过程中,不允许旋动测针针头(包括明渠所有实验均是如此)。

(4)待三角堰和测针筒中的水位完全稳定后(需待 5 min 左右),测记测针筒中水位。

(5)改变进水阀门开度,测量 4 ~6 个不同流量下的实验参数。

(6)调节尾门,抬高下游水位,使宽顶堰流从自由出流向淹没出流过渡(满足 $\frac{h_s}{H_0} \geqslant 0.8$),测记流量 $Q'$ 及上、下游水位。改变流量重复 2 次。

(7)测算淹没系数。

方法一:根据步骤(6)测记的 $Q'$ 与 $H$ 值,由式(3-44)确定 $\sigma$,式中 $m$ 需根据 $H$ 值由自由出流下实验绘制的 $m \sim f_2(H)$ 曲线确定,也可由式(3-45)或式(3-46)计算得到(误差不大于 2%)。

方法二:在完成步骤(4)后,已测得自由出流下的 $Q$ 值后调节尾门使之成淹没出流,此时由于流量没有改变,因淹没出流的影响,上游水位必高出原水位,为便于比较,可减小过水流量,待堰上游水位恢复到原自由出流水位,测定此时的流量 $Q'$,据式(3-44)可得 $\sigma = Q'/Q$。

参照以上方法,改变 $h_s$ 重复测 2 次。

对 WES 型实用堰,除淹没系数不测外,其余同上。

## 5　注意事项

(1)实测堰流流量系数时,应从小到大依次改变流量,每次改变量不要太大,尽量使每次改变量大致相同。

(2)每改变一次流量,都应观察几分钟,待水流稳定后再进行量测。

(3)实测堰流流量系数时的最小流量不宜太小,要保持量水堰水舌脱离堰板,但也不宜过大,否则水流容易外溅,且因强烈紊动而引起水面波动,使测针读数不准。

(4)堰上水头一定要在距离堰顶 3 ~5 倍水头以上处量测。

(5)实测堰流的淹没系数时,应在大流量情况下,保持来流稳定,改变下游水面水深而形成淹没。

(6)下游尾门在实验时切勿完全关闭,以免引起水流外溢。

## 6　实验数据记录及成果分析

实验日期:______________　实验者:______________

仪器编号:______________

渠宽 $b$ = __________ cm;宽顶堰厚度 $\delta$ = __________ cm;

上游渠底高程 $\nabla_2$ = __________ cm;上游堰顶高程 $\nabla_0$ = __________ cm;

上游堰高 $P_1$ = __________ cm;三角堰顶高程 $\nabla_{00}$ = __________ cm;

率定常数 $A$ = __________;$B$ = __________。

三角堰流量公式为 $Q = Ah^B$,$h = \nabla_{01} - \nabla_{00}$。

表 3-13　宽顶堰流量系数测量计算表

| 三角堰上游水位$\nabla_{01}$ (cm) | 实测流量 $Q$ ($cm^3/s$) | 堰上游水位 $\nabla_1$ (cm) | 堰上水头 $H$ (cm) | 行近流速 $v_0$ (cm/s) | 流速水头 $\frac{v_0^2}{2g}$ (cm) | 堰顶总水头 $H_0$ (cm) | 流量系数 $m$ | | 堰下游水位 (cm) | 下游水位超顶高 $h_s$ (cm) | $\frac{h_s}{h_0}$ | 淹没系数 $\sigma$ | |
|---|---|---|---|---|---|---|---|---|---|---|---|---|---|
| | | | | | | | 实测值 | 经验值 | | | | 实测值 | 经验值 |
| 直角进口 | | | | | | | | | | | | | |
| | | | | | | | | | | | | | |
| | | | | | | | | | | | | | |
| | | | | | | | | | | | | | |
| | | | | | | | | | | | | | |
| | | | | | | | | | | | | | |
| | | | | | | | | | | | | | |
| 圆角进口 | | | | | | | | | | | | | |
| | | | | | | | | | | | | | |
| | | | | | | | | | | | | | |
| | | | | | | | | | | | | | |
| | | | | | | | | | | | | | |
| | | | | | | | | | | | | | |
| | | | | | | | | | | | | | |

## 7　思考题

（1）量测堰上水头 $H$ 值时，堰上游水位测针读数为何要在堰壁上游（3～5）$H$ 附近测读？

（2）为什么宽顶堰要在 $2.5 \leqslant \delta/H \leqslant 10$ 的范围内进行实验？

（3）有哪些因素影响实测流量系数的精度？如果行近流速水头略去不计，对实验结果会产生多大影响？

# 任务 10　达西定律验证实验

## 1　实验目的

（1）掌握实验室测定均质砂的渗透系数 $K$ 值的方法，加深对渗透系数的认识。

（2）测定渗过砂体的渗流量与水头损失的关系，验证渗流的达西定律，从而提高对直线渗透定律的理解。

## 2　实验装置

如图 3-18 所示，在实验箱中装入均质砂，底部装一块滤板。恒定水流由带溢流堰的自循环供水箱引入实验箱自砂体下部进入，渗过砂体的水由实验箱顶溢出。在圆筒侧壁上装两只测压管，以测定渗流过程中的水头损失。供水箱可上下移动以改变实验水头与流量大小，设有专门的量水箱测定渗流量 $Q$。

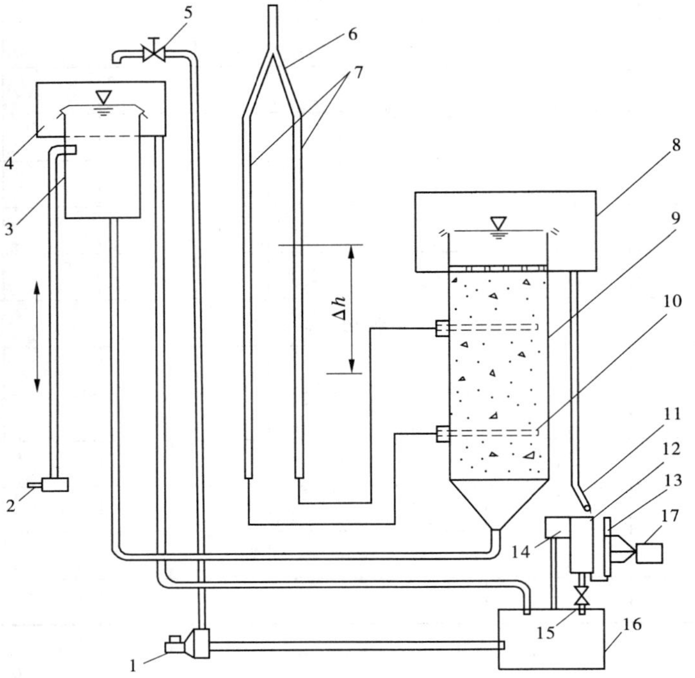


1—水泵；2—摇把；3—供水箱；4—供水箱溢流槽；5—供水调节阀；6—抽气软管；
7—测压管；8—实验箱溢流槽；9—实验箱；10—测压排管；11—转向阀；12—测量箱；
13—测水位管；14—溢流槽；15—泄水阀；16—存水箱；17—流量测量箱

**图 3-18　达西定律实验装置**

## 3　实验原理

液体在孔隙介质中流动时，由于黏滞性作用将会产生能量损失。达西（Henri Darey）于 1852 ~ 1855 年间在装有均质砂土滤料的圆柱形筒中做了大量的渗流实验，总结得出渗透流速与水力坡度成正比，即线性渗流定律，这是渗流的基本定律，后人称之为达西定律，其形式为

$$Q = KAJ \tag{3-53}$$

或

$$v = KJ \tag{3-54}$$

式中　$K$——反映土壤渗流特性的一个综合指标，称为渗透系数。

由于渗流速度很小，故流速水头可以忽略，因此总水头 $H$ 可用测管水头 $h$ 表示，水头损失 $h_w$ 可用测管水头差来表示，即

$$H = h = z + \frac{p}{\rho g}, h_w = h_1 - h_2 = \Delta h \tag{3-55}$$

于是,水力坡度 $J$ 可用测管水头坡度来表示

$$J = \frac{h_w}{l} = \frac{h_1 - h_2}{l} = \frac{\Delta h}{l} \tag{3-56}$$

式中 $l$——两个测压管孔之间的距离;

$h_1$、$h_2$——两个测压孔的测管水头。

达西定律是通过均匀砂土在均匀渗流实验条件下总结归纳出来的,因此有其一定的适用范围。渗流的水头损失与流速的一次方成正比,说明达西定律只适用于层流渗流,也称为线性渗流。巴普洛夫斯基用下列经验公式表示渗流的雷诺数:

$$Re = \frac{1}{0.75n + 0.23} \frac{vd}{\nu} \tag{3-57}$$

式中 $n$——土壤的孔隙率;

$d$——土壤的有效粒径,可用 $d_{10}$(为直径比它小的颗粒占全部土重 10% 时的土壤颗粒粒径)来代替。

渗流临界雷诺数 $Re_c = 7 \sim 9$,当 $Re < Re_c$ 时为层流渗流,才符合达西定律。

## 4 实验步骤

(1)熟悉仪器,记录实验圆筒内径 $D$、测孔间距 $l$、砂样有效粒径 $d$、孔隙率 $n$ 及水温等有关常数。

(2)将调节水头的供水箱提升至高出实验箱一定高度,打开供水开关向实验箱里注水,让水浸透圆筒内全部砂体并使圆筒充满水,供水箱始终保持溢流状态,待实验箱也开始溢流时,检查测压管中是否有气泡,若有气泡应设法将其排出,然后关闭供水开关,此时两测压管水面齐平。

(3)将供水箱提升至最高位置,待水流稳定后,量测两个测压管的水头,并用体积法测定渗流量。

(4)依次降低水头,待水流稳定后重复上述过程,共测 10 次,将结果记入表 3-14。

## 5 注意事项

(1)实验过程中,供水箱应始终保持溢流状态,以保证实验水头恒定。

(2)实验过程中,流量不应太大,否则砂样会随水流向上涌,破坏均质砂。

(3)实验开始之前要将实验箱及两测压管中空气排净,保证流量为零时,两个测压管内水面齐平。

## 6 实验数据记录

实验日期:________________ 实验者:________________

仪器编号:________________

实验圆筒内径 $D$ = ____________ cm 测孔间距 $l$ = ____________ cm 实验水温 $T$ =

________℃

砂样有效粒径 $d$ = ________ cm　砂样孔隙率 $n$ = ________

量水箱长________ cm　宽________ cm

表 3-14　实验数据记录表

| 测次 | 测压管水头(cm) | | 量水箱 | | |
|---|---|---|---|---|---|
| | $h_1$ | $h_2$ | 初水位(cm) | 末水位(cm) | 时间 $t$(s) |
| 1 | | | | | |
| 2 | | | | | |
| 3 | | | | | |
| 4 | | | | | |
| 5 | | | | | |
| 6 | | | | | |
| 7 | | | | | |
| 8 | | | | | |
| 9 | | | | | |
| 10 | | | | | |

## 7　实验结果

(1)整理实验数据,进行有关计算,完成表 3-15。

量水箱面积 $A_0$ = ________ $cm^2$　实验圆筒断面面积 $A$ = ________ $cm^2$

运动黏滞系数 $\nu$ = ________ $cm^2/s$。

表 3-15　实验计算表

| 测次 | 渗流水头损失 $h_w$(cm) | 水力坡度 $J$ | 量水箱水位差(cm) | 体积 $V$($cm^3$) | 渗流量 $Q$ ($cm^3/s$) | 渗透流速 $v$(cm/s) | 渗透系数 $K$ | 渗流雷诺数 $Re$ |
|---|---|---|---|---|---|---|---|---|
| 1 | | | | | | | | |
| 2 | | | | | | | | |
| 3 | | | | | | | | |
| 4 | | | | | | | | |
| 5 | | | | | | | | |
| 6 | | | | | | | | |
| 7 | | | | | | | | |
| 8 | | | | | | | | |
| 9 | | | | | | | | |
| 10 | | | | | | | | |

(2)点绘流速和水力坡度之间的 $v \sim J$ 关系曲线及流量和水头损失 $Q \sim h_w$ 的关系曲线(见图 3-19),并进行相应分析。

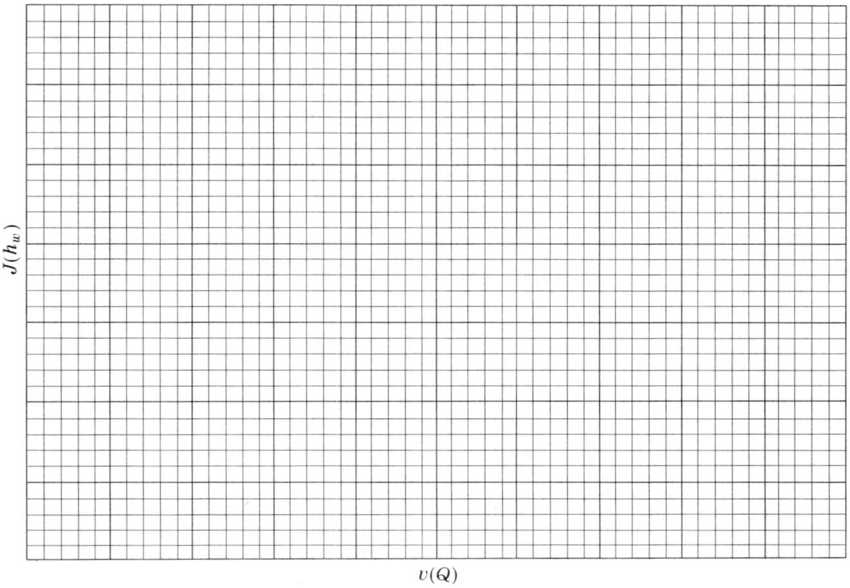


图 3-19

## 8　思考题

(1)达西定律的适用范围是什么?对于本实验来说,若砂样有效粒径 $d$ 不变,则流量 $Q$ 为多少即超出达西定律适用范围?若流量 $Q$ 不变,则 $d$ 为多少即超出达西定律适用范围?

(2)如果要通过实验确定达西定律适用范围,应如何进行?

# 任务 11　自循环流动演示实验

## 1　实验目的

(1)演示流体经过不同边界情况下的流动形态,以观察不同边界条件下的流线、旋涡等现象,增强和加深对流体运动特性的认识。

(2)演示水流绕过不同形状物体的驻点、尾流、涡街现象、非自由射流等现象的感性认识。

(3)加深对边界层分离现象的认识,充分认识流体在实际工程中的流动现象。

## 2　实验装置

如图 3-20 所示为流动演示仪的示意图。该仪器由蓄水箱、水泵、流动显示面等几个部分所组成。该仪器通过在水流中掺气的方法,利用日光灯的照射,可以清楚地演示不同边界条件下的多种水流现象。整个仪器由 7 个单元组成,每个单元都是一套独立的装置,可以单独使用,亦可以同时使用。

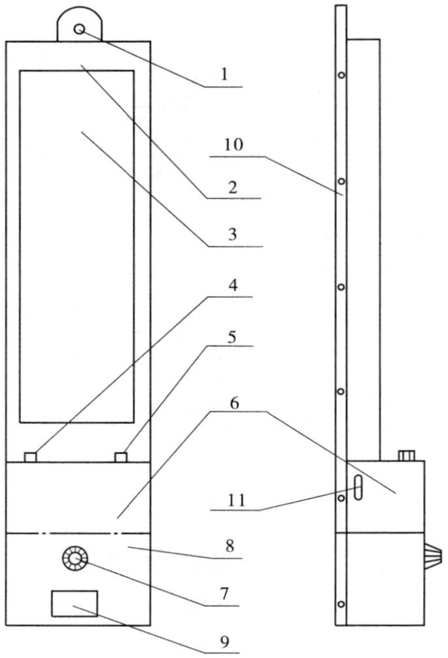


1—挂孔;2—彩色有机玻璃面罩;3—不同边界的流动显示面;4—加水孔孔盖;
5—掺气量调节阀;6—蓄水箱;7—可控硅无级调速旋钮;8—电器、水泵室;
9—标牌;10—铝合金框架后盖;11—水位观测窗

**图 3-20　壁挂式自循环流动演示仪结构示意图**

## 3　实验步骤

### 3.1　操作程序

(1)接通电源,打开开关,关闭掺气阀,在最大流量下使显示面两侧水道充满水。

(2)用调节进气量旋钮调节进气量的大小。调节应缓慢,逐次进行,使之达到最佳显示效果(掺气量不宜太大,否则会阻断水流,或产生剧烈噪声)。

### 3.2　演示内容

(1)ZL－1 型(见图 3-21 中 1)用以显示逐渐扩散、逐渐收缩、突然扩大、突然收缩等平面上的流动图形,模拟串联管道纵剖面流谱。

在逐渐扩散段可观察到由于边界层分离而产生旋涡。而在收缩段,由于不产生边界层分离现象,流线均匀收缩,几乎没有旋涡产生,只在拐角处出现很小的旋涡。在突然扩大段出现了较大的旋涡区。由此可见,逐渐扩散段局部水头损失大于收缩段,而突然扩大段所产生的局部水头损失最大。

(2)ZL－2 型(见图 3-21 中 2)显示文丘里流量计、孔板流量计等流动图形和串联流道纵剖面上的流动图形。

由显示可见，文丘里流量计的过流顺畅，流线顺直，无边界层分离和旋涡产生。孔板流量计在孔板前的拐角处有小旋涡产生，孔板后的水流逐渐扩散，并在主流区的周围形成较大的旋涡区。由此可见，孔板流量计结构简单，水头损失较大，流量系数较小（$\mu$ = 0.61左右）。文丘里流量计流动形态较好，水头损失较小，流量系数效大（$\mu$ = 0.96 ~ 0.99）。

（3）ZL－3型（见图3-21中3）显示30°弯头、直角圆弧弯头、直角弯头、45°弯头以及非自由射流等流段纵剖面上的流动图像。

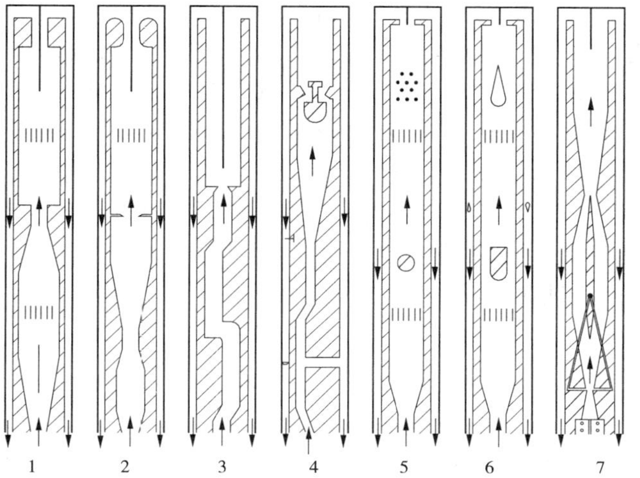

图3-21 显示面过流示意图

由显示可见，在每一转化后面，都因边界层分离而产生旋涡。转弯角度不同，旋涡大小、形状各异。在各圆弧转弯段，流线顺畅；该串联管道上，还显示局部水头损失叠加影响的流动图谱。在非自由射流段，射流离开喷口后，不断卷吸周围的流体，形成射流的紊动扩散。在此段上还可以看到射流的"附壁效应"现象。

（4）ZL－4型（见图3-21中4）显示30°弯头、分流、合流、45°弯头、YF—溢流阀、闸阀及蝶阀等流段纵剖面上的流动图谱。

由流动显示可见，在转弯、分流、合流等过流段上，有不同的旋涡出现。合流旋涡较为典型，明显干扰主流，使主流受阻；闸阀半开，尾部旋涡区较大，水头损失也大。蝶阀全开时，过流顺畅，阻力小，半开时，尾涡紊动激烈，表明阻力大且易引起振动。

该装置不但能获得较好的教学效果，而且还直接为改进阀门的性能提供了直观依据。

（5）ZL－5型（见图3-21中5）显示明槽逐渐扩散，单圆柱绕流、多圆柱绕流及直角弯道等流段的流动图形。

A 驻点：观察流经圆柱前端驻点处的小气泡运动特性，可了解流速与压强沿圆周边的变化情况。

B 边界层分离现象：流动显示了圆柱绕流边界层分离现象，可观察到边界层分离点的位置及分离后的回流形态。

C 卡门涡街：圆柱的轴与水流方向垂直，在圆柱左右两个对称点上产生边界层分离，然后不断交替在圆柱下游的两侧产生旋转方向相反旋涡，并随主流一起向下游运动，旋涡的强度逐渐减弱。

D 多圆柱绕流：观察水流经过多圆柱绕流所产生的旋涡，可以了解被广泛用于热工中的传热系统的“冷凝器”及其他工业管道的热交换器等。由流谱图形可知，其换热效果较佳。

(6)ZL－6 型(见图 3-21 中 6)显示明渠渐扩、桥墩形钝体绕流、流线体绕流和反流线体绕流等流段上的流谱。

通过观察，可以看出：①非圆柱体绕流也会产生卡门涡街，与圆柱绕流不同的是，该涡街的频率具有较明显的随机性。改变绕流体结构可以破坏涡街固有频率，避免共振。②流线型柱体绕流流动顺畅，形体阻力最小，而反流线体绕流时也会出现卡门涡街。

(7)ZL－7 型(见图 3-21 中 7)显示了一只“双稳放大射流阀”流动原理。经喷嘴射出的射流(大信号)附于任何一面，若先附于左侧，射流经左通道后，向右出口输出；用旋转控制圆盘，使左气道与圆盘气孔相通时(通大气)，因射流获得左侧的控制流(小信号)，射流便切换至右壁，流体从左出口输出。这时切断气流，射流稳定于通道不变。转动控制圆盘，使右气道与圆盘气孔相通，则射流再切换回来。因此，该装置既是个射流阀，又是个双稳射流控制元件。此原理在实际中应用非常广泛。

(8)演示结束后，及时关机，切断电源。

## 4　注意事项

(1)开机后需等 1～2 min，使流道气体排净后再演示，否则仪器不能正常工作。

(2)水泵不能在低速下长时间工作，更不允许在通电情况下(日光灯亮)长时间处于停转状态，只有日光灯熄灭才是真正关机，否则水泵易烧坏。

(3)调速器旋钮的固定螺丝松动时，应及时拧紧，以防止内部电线短路。

## 5　思考题

(1)旋涡强度的大小与能量损失有什么关系？边界层分离现象发生在什么区域？

(2)卡门涡街具有什么特性？对绕流有什么影响？你能指出实际问题中的卡门涡街现象吗？

(3)空化现象为什么常常发生在旋涡区？

# 任务 12　恒定总流的能量方程演示实验

## 1　实验目的

(1)观察恒定流情况下，水流所具有的位置势能、压强势能和动能，以及在各种边界条件下能量的守恒和转换规律，加深对能量方程物理意义的理解。

(2)观察测压管水头线和总水头线沿程变化的规律，以及水头损失现象。

(3)观察管流中的真空现象及渐变流过水断面与急变流过水断面上的动水压强分布规律。

## 2　实验装置

如图 3-22 所示的能量方程演示仪是自循环的水流系统,在进水管段设有转子流量计,演示段由直管、突然扩大管、文丘里管、突然缩小管、虹吸管和弯管等连接而成,在管道上沿水流方向上的若干过水断面的边壁设有测压孔,在设置测压管的过水断面上同时装有单孔毕托管,可以测量测压管水头和总水头。在管道的进出口设置有调节阀门来控制流量。

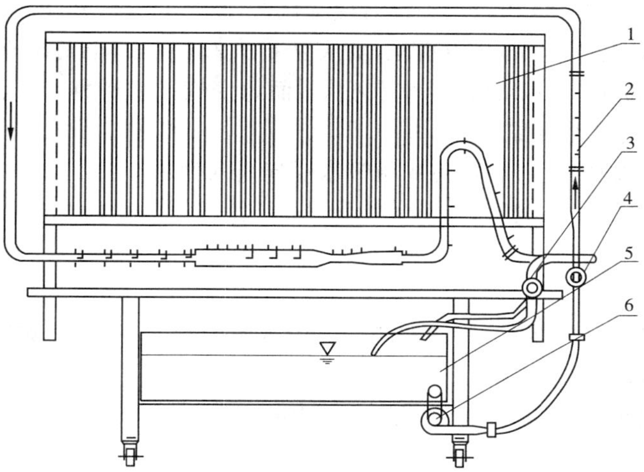


1—测压管;2—转子流量计;3—泄水阀;4—进水阀;5—水箱;6—水泵

**图 3-22　能量方程演示仪示意图**

## 3　实验原理

实际液体在有压管道中作恒定流时,其能量方程如下:

$$z_1 + \frac{p_1}{\gamma} + \frac{\alpha_1 v_1^2}{2g} = z_2 + \frac{p_2}{\gamma} + \frac{\alpha_2 v_2^2}{2g} + h_w \tag{3-58}$$

式(3-58)表明,液体在流动过程中,液体所具有的各种机械能(单位位能、单位压能和单位动能)是可以相互转化的。但由于实际液体存在黏性,液体运动时为克服阻力而要消耗一定的能量,也就是一部分机械能转化为热能而散逸,即水头损失。因而机械能应沿程减小。

在均匀流或渐变流过水断面上,其动水压强分布符合静水压强分布规律:

$$z + \frac{p}{\gamma} = c \tag{3-59}$$

或

$$p = p_0 + \gamma h \tag{3-60}$$

但不同的过水断面上 $c$ 值不同。

在急变流过水断面上,由于流线的曲率较大,因此惯性力亦将影响过水断面上的压强分布规律,即不符合静水压强分布规律。

## 4 实验步骤

（1）熟悉设备，分辨测压管和毕托管。

（2）接通电源。缓缓打开进水阀，反复开关尾阀将管道及测压管中的空气排净。

（3）调节进水阀，固定某一流量（以 $Q=1\ 500$ L/h 左右为宜），待水流稳定后，根据能量方程观察管道各断面上单位质量水体的位能、压能、动能和水头损失，并弄清能量守恒及位能、压能和动能的相互转化。

（4）观察测压管水头线和总水头线沿程变化的规律，并分析其原因。

（5）观察管道中各种局部水力现象，如突然扩大和突然缩小情况下的测压管水头的变化；渐变流过水断面上各点测压管水头相等，而急变流过水断面上各点的测压管水头不相等；虹吸管段上的真空现象等。

（6）将尾阀开大和关小，观察各测压管水面连线的变化。

（7）演示结束后，切断电源。

## 5 注意事项

（1）阀门开启一定要缓慢，并注意测压管中水位的变化；不要使测压管中的水上升过大，以免影响演示效果。

（2）演示实验时，一定要将管道和测压管中的空气排净。

## 6 思考题

（1）如何确定管中某点的位置高度、压强高度、流速水头、测压管水头和总水头？

（2）总水头线和测压管水头线是否总是沿程下降？

（3）突然扩大和突然缩小段测压管水头线是否总是上升？

（4）文丘里管段上各断面的测压管水头变化说明了什么？

（5）虹吸管段的最大真空值如何确定？

（6）弯管凸凹边壁上的测压管水头有何差异？为什么？

# 任务13 紊动机理演示实验

## 1 实验目的

（1）通过本实验观察紊动发生过程，分析紊动机理。

（2）了解异重流的流动过程，加深对水流运动结构的认识。

## 2 实验装置

本实验装置如图3-23所示，工作流体由自循环供水器1分两路输出。一路经取水管10输入混合器11，与染色液输液管8输出的甲种溶液混合后呈紫红色液体，经整流后从隔板12下侧流到剪切流道13。另一路由水箱7稳流后，从隔板12的上侧流到流道13。

适度调节阀门15,使隔板上下两股不同流速的水流形成在其交界面为间断面的汇合流。

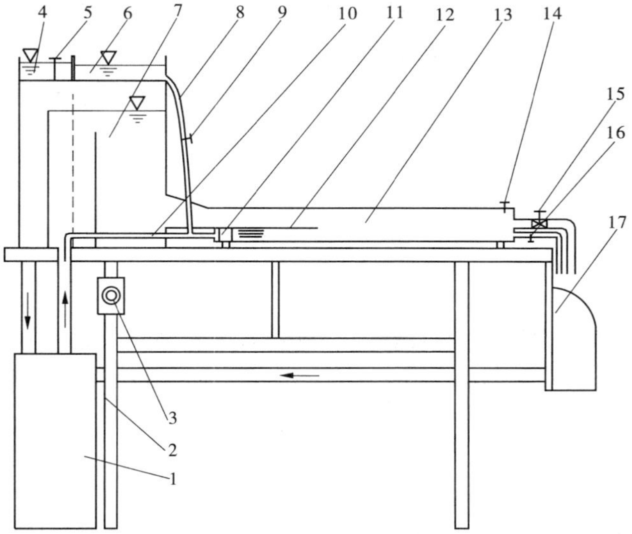


1—自循环供水器;2—实验台;3—可控硅无级调速器;4—消色用丙种溶液容器;
5—调节阀;6—染色用甲种溶液容器;7—恒压水箱;8—染色液输液管;9—调节阀;
10—取水管;11—混合器;12—上下层隔板;13—剪切流道显示面;14—排气阀;
15—出水调节阀;16—分流管与调节阀;17—回水漏头

**图3-23　紊动机理仪结构示意图**

## 3　实验原理

众所周知:液体流动时,存在着两种截然不同的流态,即层流和紊流。层流向紊流转化是一个十分复杂的问题。本实验应用两种不同颜色的液体相互混合的过程来演示紊流的发生过程和异重流的流动过程。

## 4　实验步骤

(1)插上水泵电机电源、灯光电源。先关闭阀5、9、15、16,打开调速器,水泵启动,流量最大。调节调速器旋钮,使流量减小,使得水箱水位不高于恒压水箱7之中间隔板的顶高。此时仅由取水管10单独向流道13供水,使水体缓慢地充满下层流道,排除隔板下方滞留的气泡。如果一次操作不能排净气泡,则应反复操作。排净气泡后开大供水流量,并操作阀14与15,排除流道上的气泡。

(2)加注染色药水:调节阀9,向混合器11直接加注甲种溶液,与水混合即呈紫红色。

(3)加注消色药水:调节阀5,滴下丙种溶液,以保持工作水体处于无色透明状态。

(4)紊动发生演示:①上下层界面呈平稳直线演示:将阀16全开,下层红色水流从此流出。调节阀15,使上层无色水流流速与下层流速相接近。若界面直线不稳,可适当减小下层流速 $u_2$ ,方法是减小阀16开度,减小下层水流流速大小,并适当关小阀15使上下层流速相近。②波动形成与发展演示:调节阀15,适当增大上层流速 $u_1$ ,界面有明显的速度差，于是开始发生微小波动。继续增大阀15的开度，则波动演示更加明显。③波动转变为旋涡紊动演示：将阀15开到足够大时，波动失稳，波峰翻转，旋涡形成，界面消失，涡体的旋转运动使得上下层液体质点发生混掺，紊动发生。

(5)异重流实验：实验时在甲种溶液中加入一定比例的食盐或白糖来提高下层液体的密度，即可用来研究异重流的稳定性。

(6)实验完毕，关机，切断电源。

## 5 注意事项

(1)严格按照操作步骤进行操作。

(2)实验时，流入水中的甲种溶液一定要适当，否则演示效果不好。

(3)隔板下方的气泡要排净。如一次排不净，则应反复操作，直到排干净。

## 6 思考题

(1)紊流产生的两个必不可少的条件是什么?

(2)液体运动的流态与哪些因素有关?

(3)试叙述实际工程中所遇到的异重流运动现象。

# 任务14 水击现象综合演示实验

## 1 实验目的

通过本实验仪器的运转过程，观察水击波传播、水击扬水、调压筒削减水击等现象，以及水击压强的量测，加强对水击现象的感性认识。

## 2 实验装置

如图3-24所示，本实验仪器由恒压水箱、供水管、调压筒、水击室、压力室、气压表、扬水机出水管、水击发生阀、水泵、可控硅无级调速器及集水箱等组成。

## 3 实验原理

当有压管道中的流量突然改变时，管道中将产生水击波向上下游传播。在管道中设置调压筒可以削减水击压强。另外，所产生的水击压强可以用来扬水。利用水击波的上述特性，观察和了解水击现象的产生过程、传播过程和水击波的扬水特性。

## 4 实验步骤

(1)顺时针旋转调速器旋钮，水泵启动。

(2)向下推开水击发生阀11，把过水系统中的空气全部排出(打开调压筒截止阀10可排出空气)。然后全关阀10和4，触发水击发生阀11，就会自动地往复上下运动，时开时闭而产生水击。

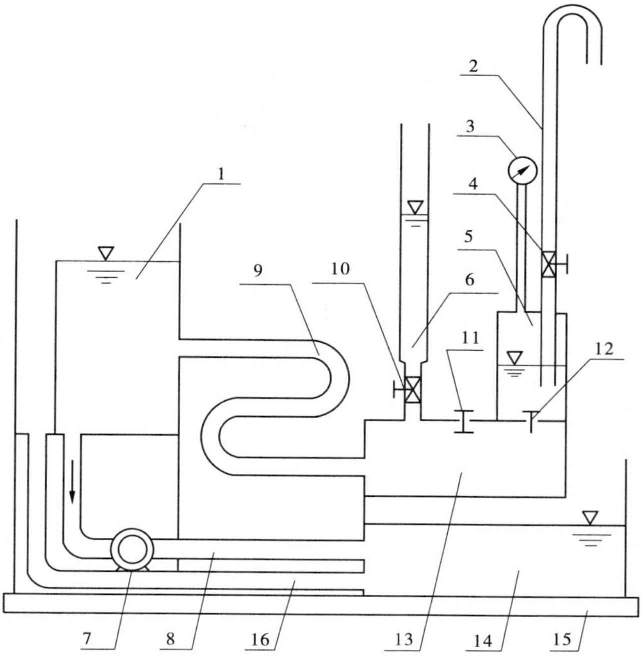


1—恒压水箱;2—水击扬水机出水管;3—气压表;4—扬水机截止阀;5—压力室;
6—调压筒;7—水泵;8—水泵吸水管;9—供水管;10—调压筒截止阀;
11—水击发生阀;12—逆止阀;13—水击室;14—集水箱;15—底座;16—回水管

**图3-24 水击综合实验仪结构示意图**

(3)测水击压强。此法的测压系统由逆止阀12、压力室5和气压表3组成。阀11每一开一闭都产生一次升压,每当水击波往返一次,都将向压力室5内注入一定水量,因而压力室内的压强随着水量的增加而不断累加,当其值达到最大水击压强时,逆止阀12才打不开,此时可由连接压力空腔的气压表3测量最大水击压强。

(4)水击扬水实验。水击扬水机由图中的1、9、11、13、5、4、2等部件组成。全开阀4,全关阀10,当阀4开启时,压力室的水便经出水管2流向高处。由于阀11不断运动,水击连续多次发生,水流亦一次一次地注入压力室,因而能源源不断地将水提升到高处。

(5)调压筒实验。实验时全关闭阀4、全开阀10,然后手动控制阀11的开与闭。由气压表3可观察到其值仅为阀10关闭时的峰值的1/3左右。同时,该装置能演示调压系统中的水位波动现象。当阀11开启时,调压筒中水位低于供水箱水位;而当阀11突然关闭时,调压筒中的水位很快壅高且超过供水箱水位,并出现调压筒中水位上下波动,由于阻尼的作用,波动的幅度逐次衰减,直至静止。

## 5 注意事项

(1)要按规定步骤使用仪器设备。

(2)一定要排净供水管、压力室和阀10下部调压中的滞留空气,否则可能使水击压强达不到额定值。此时应重新运作,或更换工作水、增加集水箱水量。

## 6 思考题

(1)扬水机的工作原理是否违背能量守恒原理？为什么？

(2)调压井的作用是什么？试述消除和减小水击压强的措施。

# 任务 15 明渠水面曲线演示实验

## 1 实验目的

(1)熟悉明渠恒定渐变流十二条水面曲线的变化规律及生成条件；

(2)掌握明渠中典型建筑物上下游的水流衔接形式。

## 2 实验装置

如图 3-25 所示变坡玻璃水槽，全长 6 m，槽宽 0.1 m，可由下游的升降架(电动)来改变水槽的底坡，底坡 $i$ 的大小可以由升降架附近的标尺直接读出。此外还配有自循环系统，并可由转子流量计直接读出通过水槽的恒定流量。

根据通过水槽的实验流量 $Q$ (由转子流量计读出)，以及图 3-26 中 $Q \sim h_k$ 的相应关系曲线可查出所对应的临界水深 $h_k$，从而可确定 $K$—$K$ 曲线。

根据变坡水槽断面宽度 $b = 0.1$ m 和已知流量条件下的 $h_k$ 两个参数，代入 $i_k = \frac{Q^2}{K^2} = \frac{Q^2}{A_k^2 C_k^2 R_k}$，即可算出 $i_k$ 或直接由图 3-26 的 $h \sim i$ 相关曲线定出 $i_k$。从图 3-26 中可以看出，当水槽的实际流量 $Q$ 从 2.5 L/s 变到 4.0 L/s 时，$i_k$ 的变化虽然很小，但也能随流量的增大而略有增加。

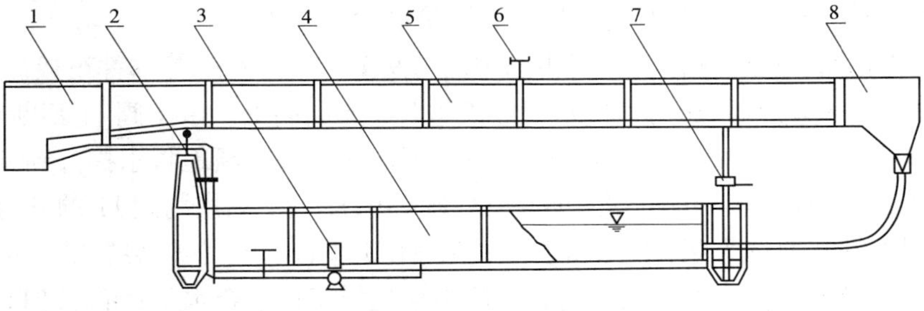


1—首部；2—浮子流量计；3—水泵电机；4—水箱；5—玻璃水槽；
6—平板闸门；7—电动升降架；8—尾部

**图 3-25 变坡水槽装置简图**

## 3 实验步骤

在实际进行水面曲线演示时，可先将流量调到某一固定值，如 $Q = 12.6\ m^3/h$ (3.5 L/s)，从图 3-26 的 $Q \sim h_k$ 相关曲线上看出，此时 $h_k$ 正好为 5 cm(注意：5 cm 的临界水深线

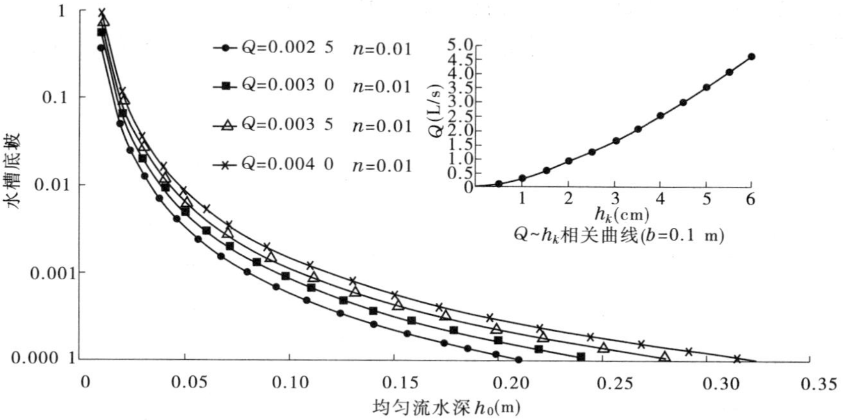


**图 3-26 不同流量对相应底坡 $i$ 的均匀水深 $h_0$ 的求解图**

已记得画在水槽的边壁上了)。

当已知水槽的流量和水槽的临界底坡 $i_k$ 后,再根据实际调定的水槽底坡所在的位置,也就不难确定水槽中的水面曲线属于何种类型了。下面具体介绍调定 12 条水面线的操作方法。

(1)接通电源,使管道泵投入运行,缓缓打开管道泵与转子流量计之间的控制闸阀,即可调定水槽的恒定流量 $Q = 12.6\ m^3/h(3.5\ L/s)$。此时水槽的临界水深正好为 0.05 m。

(2)调整水槽的实际底坡使得 $0 < i < i_k$,开启平板阀门,全开尾门,此时在水槽的后部即可看到如图 3-27(a)所示的 $M_2$ 降水曲线。

(3)若降低平板闸门,使得闸门开度 $e$ 小于 $h_k$,并关小尾门,此时即可在平板闸门的前后看到 $M_1$、$M_2$ 和 $M_3$ 三条水面线,如图 3-27(b)所示。

(4)开大平板闸门,全开尾门,调整底坡 $i > i_k$,此时可在水槽的前段看到 $S_2$ 型降水曲线,如图 3-27(c)所示。

(5)在步骤(4)的基础上,关小尾门,即在水槽中可看到一个水跃,并随着尾门的关小,该水跃逐步往前移动。当水跃稳定不动时,即可在水槽中看到 $S_1$、$S_2$ 两条水面曲线,如图 3-27(d)所示。

(6)调整水槽的底坡,使得 $i = 0$,并关小平板阀门,使得其开度 $e < h_k$,当水流稳定后,即可看到 $H_2$、$H_3$ 两条水面曲线,如图 3-27(e)所示。

(7)调整水槽的底坡,使得 $i < 0$,并关小平板闸门,使得其开度 $e < h_k$,即可看到 $A_2$、$A_3$ 两条水面曲线,如图 3-27(f)所示。

(8)调整水槽的底坡,使得 $i = i_k$,并关小平板闸门,使得其开度 $e < h_k$,即可看到 $C_1$、$C_2$ 两条水面曲线,如图 3-27(g)所示。

## 4 思考题

(1)当改变水槽中的流量 $Q$ 时,$i_k$ 和 $h_k$ 的数值将如何变化,水面曲线的形式是否也发生变化?

(2)流量 $Q$ 不变时,水面曲线的变化与哪些因素有关?

(3)当流量 $Q$ 不变, $i = i_k$ 时,水槽的 $C_1$ 、$C_3$ 型曲线与书本中描述的情况是否略有不同? 为什么?

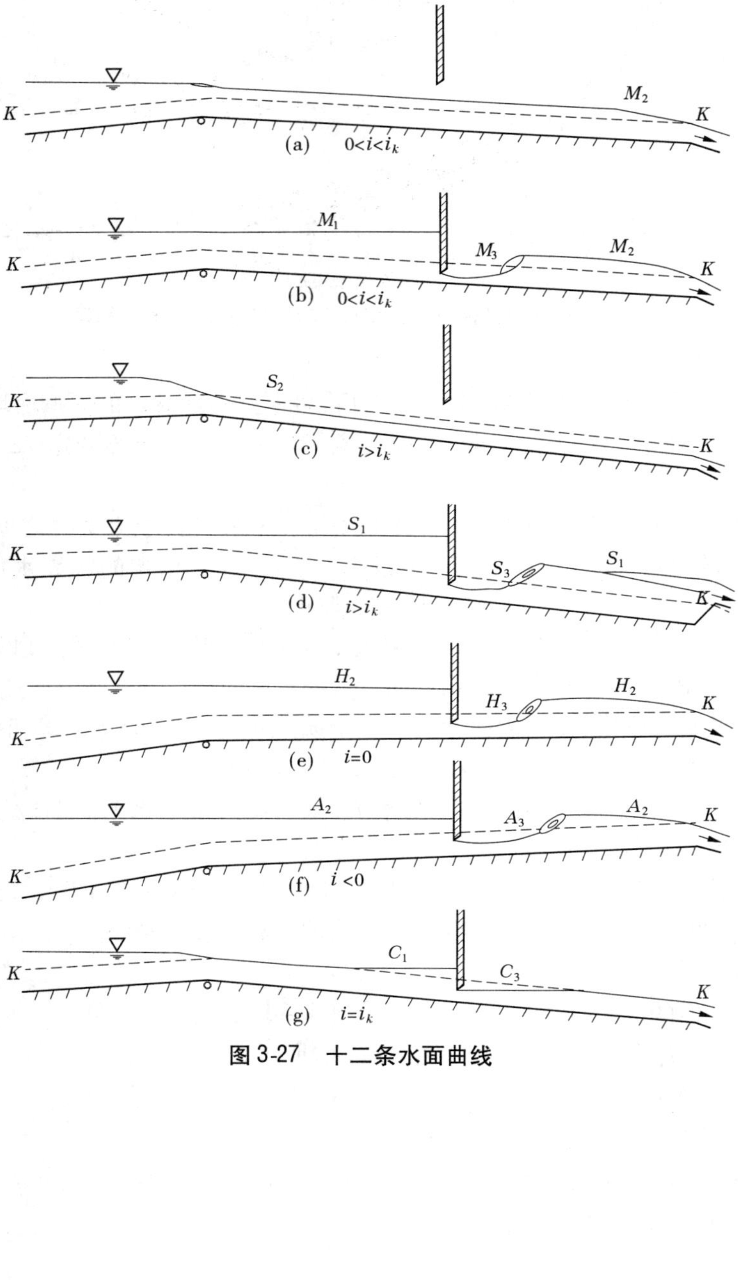


图 3-27　十二条水面曲线

# 项目4 综合设计类实验

## 任务1 文丘里孔板流量计实验

### 1 实验目的

(1)了解文丘里流量计和孔板流量计的原理及其实验装置,掌握两种流量计测量流量的方法。

(2)利用量测得到的收缩前后断面的测压管水头差,根据理论公式计算管道流量,并与体积法所测得的实际流量进行比较,从而对理论流量作出修正,得到流量计的流量系数 $\mu$ 值,即对流量计作出率定。

### 2 实验装置

如图4-1所示,在自循环恒定管道流上串联文丘里流量计和孔板流量计,分别在文丘里流量计的收缩段进口断面和喉管断面以及孔板流量计的上游断面和下游断面上设测压孔,并接上测压管,用于量测断面的测压管水头差。设置专用水箱进行流量的量测,并配有秒表。

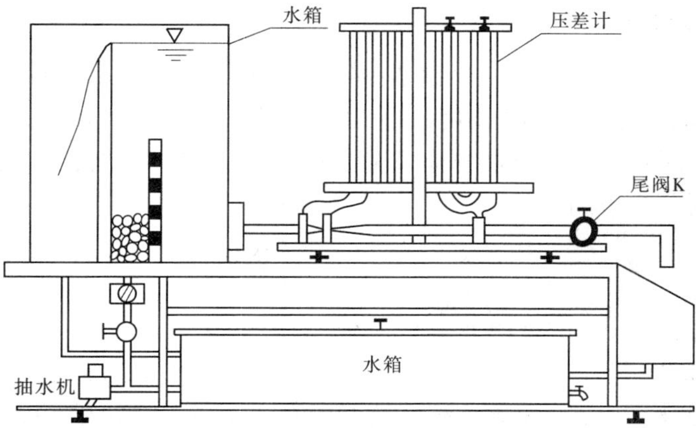


图4-1 文丘里流量计与孔板流量计实验仪

### 3 实验原理

文丘里流量计是在管道中常用的流量计,如图4-2所示。它包括收缩段、喉管、扩散段三部分,安装在需要测定流量的管道上,在收缩段进口断面1—1和喉管断面2—2上设测压孔，并接上测压管。由于喉管过水断面的收缩，该断面水流动能加大，势能减小，造成收缩段前后断面压强不同而产生的势能差。此势能差可由压差计测得。根据 1—1 和 2—2 断面的能量方程可得出不计阻力作用时管道的理论流量 $Q_{理}$，再经修正得到实际流量，计算公式如下：

$$Q_{理} = \frac{\pi}{4}\frac{d_1^2}{\sqrt{\left(\frac{d_1}{d_2}\right)^4 - 1}}\sqrt{2g\Delta h} = k\sqrt{\Delta h} \tag{4-1}$$

$$Q_{实} = \mu k\sqrt{\Delta h} \tag{4-2}$$

式中　$u$——流量系数，$u<1.0$；

$Q_{实}$——实际流量，通过体积法测量。

孔板流量计如图 4-3 所示，原理与文丘里流量计相同，可根据能量方程计算不计阻力作用时管道的理论流量 $Q_{理}$，再经修正得到实际流量，计算公式同上。

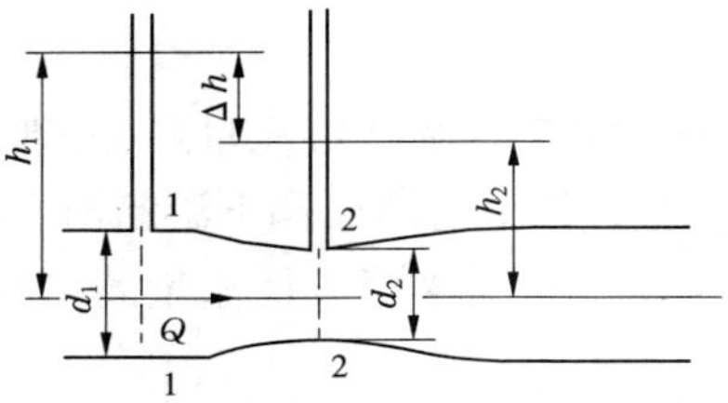

**图 4-2　文丘里流量计示意图**

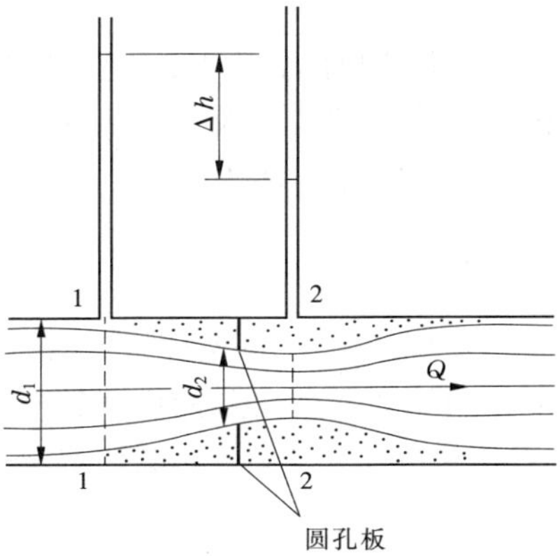

**图 4-3　孔板流量计示意图**

根据实验室设备条件，管道的实测流量 $Q_{实}$ 由体积法测出。即在某个固定的时间段 $\Delta T$ 内，将管道中的水引入到带有刻度的量水箱中，用时段末与时段初的水量体积差 $\Delta V$，即可得到管道的流量 $Q$，这种方法概念清楚、精度较高。当流量较小时这种方法简单易行，但流量较大时则很难测准。

## 4　实验步骤

(1)熟悉仪器，记录管道直径等有关常数。

(2)启动抽水机，打开进水开关，使水进入水箱，并使水箱保持溢流，水位恒定。

(3)检查尾阀 K 全关时，压差计液面是否齐平，若不平，则需排气调平。

(4)调节尾阀 K，使测压管最高和最低液面的差值最大，待水流恒定后进行量测，并将数据记录到表 4-1 中的相应位置。

(5)依次减小流量，量测各次流量相应的压差值，共做 10 次，并按顺序记录数据。

(6)实验结束后，按步骤(3)校核各测压管水面是否处于同一水平面上。

## 5　注意事项

(1)在溢流板有溢流时方能进行实验。

(2)每次体积法测流量之前,将量水箱的阀门打开,使水排入最下部的循环水箱。

(3)改变流量时,需待开关改变后,水流稳定(至少 3 ~5 min),方可记录。

(4)当管内流量较大时,测压管内水面会有波动现象,应读取波动水面的最高与最低读数的平均值作为该次读数。

## 6　实验数据记录

实验日期:________________　实验者:________________

仪器编号:________________

量水箱长__________ cm　宽__________ cm　断面面积 $A$ =__________ $cm^2$

$d_{1文}$ =________ cm　$d_{2文}$ =________ cm　$d_{1孔}$ =________ cm　$d_{2孔}$ =________ cm

**表 4-1　实验数据记录表**

| 测次 | 文丘里流量计 | | 孔板流量计 | | 量水箱 | | |
|---|---|---|---|---|---|---|---|
| | $H_1$ (cm) | $H_2$ (cm) | $H_3$ (cm) | $H_4$ (cm) | 初水位 (cm) | 末水位 (cm) | 时间 $t$ (s) |
| 1 | | | | | | | |
| 2 | | | | | | | |
| 3 | | | | | | | |
| 4 | | | | | | | |
| 5 | | | | | | | |
| 6 | | | | | | | |
| 7 | | | | | | | |
| 8 | | | | | | | |
| 9 | | | | | | | |
| 10 | | | | | | | |

## 7　实验结果

整理实验数据,进行有关计算,完成表 4-2。

$K_{文}$ =__________ $cm^{2.5}/s$　$K_{孔}$ =__________ $cm^{2.5}/s$

表 4-2　实验计算表

| 测次 | 1 | 2 | 3 | 4 | 5 | 6 | 7 | 8 | 9 | 10 |
|---|---|---|---|---|---|---|---|---|---|---|
| $\Delta H$(cm) | | | | | | | | | | |
| $V$($cm^3$) | | | | | | | | | | |
| $Q_{实}=V/t$($cm^3/s$) | | | | | | | | | | |
| $\Delta H_{文}=H_1-H_2$(cm) | | | | | | | | | | |
| $Q_{理文}=K_{文}\sqrt{\Delta H_{文}}$($cm^3/s$) | | | | | | | | | | |
| $\mu_{文}=Q_{实}/Q_{理文}$ | | | | | | | | | | |
| $\Delta H_{孔}=H_3-H_4$(cm) | | | | | | | | | | |
| $Q_{理孔}=K_{孔}\sqrt{\Delta H_{孔}}$($cm^3/s$) | | | | | | | | | | |
| $\mu_{孔}=Q_{实}/Q_{理孔}$ | | | | | | | | | | |

## 8　思考题

(1)若文丘里流量计和孔板流量计倾斜放置,测压管水头差是否变化？为什么？

(2)文丘里流量计和孔板流量计的实际流量与理论流量为什么不相等？是由哪些因素造成的？两者的流量系数 $\mu$ 是大于 1.0 还是小于 1.0,为什么？哪种流量计的精度高些？

(3)每次测出的流量系数 $\mu$ 值是否是常数？若不是,则与哪些因数有关？

# 任务 2　明渠糙率的测定实验

## 1　实验目的

(1)掌握明渠糙率 $n$ 值的测定方法,通过实验加深对糙率 $n$ 值的影响因素的理解。

(2)掌握三角形(或矩形)薄壁堰测流量的方法。

(3)绘制均匀流情况下的水深(或断面平均水深)和糙率的 $h\sim n$ 关系曲线。

## 2　实验装置

实验装置为一较长的可变坡的玻璃水槽或固定底坡的玻璃水槽,其上装有测量水位的测针,如图 4-4 所示。

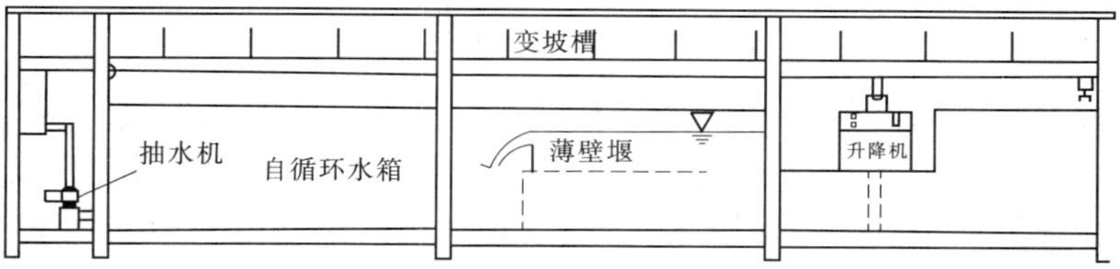

图4-4 明槽糙率实验简图

## 3 实验原理

### 3.1 均匀流下明渠糙率系数 $n$ 的量测

在长直正坡棱柱体渠道中，若底坡和糙率沿程不变，当通过某一固定流量时，就会发生均匀流动。明渠均匀流的基本公式是谢才公式：

$$v = C\sqrt{RJ} \tag{4-3}$$

由于明渠均匀流中，水力坡度 $J$ 等于底坡 $i$，故流量公式为

$$Q = AC\sqrt{Ri} \tag{4-4}$$

式中 $A$——过水断面面积；

$C$——谢才系数，用曼宁公式 $C = \frac{1}{n}R^{\frac{1}{6}}$ 计算；

$R$——水力半径，$R = \frac{A}{\chi}$，$\chi$ 为湿周；

$i$——底坡，$i = \frac{\Delta h}{L}$，$L$ 为观测段长度，上下游水面高差 $\Delta h = h_{上} - h_{下}$。

将以上数据代入流量公式可得：

$$Q = \frac{1}{n}AR^{\frac{2}{3}}i^{\frac{1}{2}} \tag{4-5}$$

由此推得明渠的糙率系数：

$$n_{实测} = \frac{1}{Q}AR^{\frac{2}{3}}i^{\frac{1}{2}} \tag{4-6}$$

根据式(4-6)，在已知 $Q$、$A$、$R$ 和 $i$ 的情况下即可算出明渠的糙率系数的实测值 $n_{实测}$。

### 3.2 非均匀渐变流下明渠糙率系数 $n$ 的量测

上述方法仅适用于均匀流情况下，如果不具备可变水槽，一般在底坡固定、长度有限的水槽中很难调整到均匀流流态，所以上述方法不再适用。在底坡固定、长度有限的水槽中一般只能产生明渠非均匀渐变流，所以明渠的糙率测量只能通过对明渠非均匀渐变流列能量方程的方法来进行。

在明渠非均匀渐变流中取相距 $L$ 的某一观测段，对观测段的前后两断面列能量方程，并令 $\alpha_1 = \alpha_2 = 1.0$，得：

$$z_1 + \frac{p_1}{\gamma} + \frac{v_1^2}{2g} = z_2 + \frac{p_2}{\gamma} + \frac{v_2^2}{2g} + h_w \tag{4-7}$$

由于在长直玻璃水槽中不存在局部水头损失，故 $h_j = 0$，$h_w = h_f$，代入式(4-7)，得

$$h_f = \left(z_1 + \frac{p_1}{\gamma}\right) - \left(z_2 + \frac{p_2}{\gamma}\right) + \frac{v_1^2 - v_2^2}{2g} \tag{4-8}$$

式(4-8)表明,在明渠渐变流中,某一测量段之间的沿程水头损失为两断面间的测压管水头之差与流速水头之差的和。其中,两断面的测压管水头之差可直接采用玻璃水槽上安装的水位测针筒进行精确量测,而通过量测水槽的过堰流量 $Q$ 计算得到平均流速,便可求得两断面间的流速水头差。由于施测段长度 $L$ 是可预先测量到的,所以两断面间的平均水力坡度为

$$\bar{J} = \frac{h_f}{L} \tag{4-9}$$

明渠渐变流条件下,当量测长度较短时,一般可近似地借用均匀流公式,且用前后两断面各水力要素的平均值来代替计算公式中的各水力要素,进而计算明渠底坡的糙率 $n$,即

$$\bar{J} = \frac{Q^2}{\bar{A}^2\bar{C}^2\bar{R}} = \frac{\bar{V}^2}{\bar{C}^2\bar{R}} \tag{4-10}$$

再由曼宁公式 $C = \frac{1}{n}\bar{R}^{\frac{1}{6}}$ 代入得:

$$\bar{n} = \frac{\bar{R}^{\frac{2}{3}}\bar{J}^{\frac{1}{2}}}{\bar{V}} \tag{4-11}$$

由式(4-11)便可计算出明渠底坡的平均糙率值。

## 4 实验步骤

(1)熟悉仪器,记录三角形(或矩形)薄壁堰的堰顶高程、玻璃水槽宽度及测量断面间的长度等有关常数。

(2)用测尺测量每一过水断面水位测针在该断面的零点高程读数,然后用橡皮管将各测量断面上的水位测针筒连通,灌水排气,待较长时间稳定后各测针筒内的水位为同一水平面,分别记下各测针对该水平面的读数,作为基准面读数。为方便计算,通常使该基准面低于水槽水面,因此测量时各断面水位读数减去基准面读数即得各断面的测压管水头。

(3)选定两施测断面,将前后两施测断面上水位测针的零点高程和基准面读数以及两施测断面间的流段长度 $L$ 分别记入表 4-3。

(4)打开进水阀、尾部调节阀,使之产生渐变流,即两断面水深 $h_1$ 接近 $h_2$。

(5)仔细检查各水位测针筒与水槽底部相连的橡皮管看是否有气泡,若有气泡必须设法排掉。待水流稳定后,测定水槽开始段的三角形薄壁堰(或矩形薄壁堰)的水面高程,进而确定堰顶高程 $H$,用给定公式计算过堰流量 $Q$。

(6)分别测记前后两过水断面的水位测针筒内的水位读数。

(7)改变流量和尾部调节阀,重复过程(5)~(6),可得另一组实验数据。

## 5 注意事项

(1)调节底坡时要缓慢进行,以免槽身升降太快,难以调准。

(2)调节底坡后,玻璃水槽的底坡和水流应保持稳定,否则会影响均匀流的产生。

(3)由于曼宁公式采用 m · s 为单位,计算时单位要统一化为 m · s。

(4)等水流稳定后才能量测,在量测过程中不能随便转动尾部调节阀。

(5)量测水深时,测针要接触水面波动的平均值,读测针游标值时,要正视。

(6)调节流量时要缓慢开启闸阀,不可全关阀门。

(7)如果是可变底坡的活动玻璃水槽,则可保证形成均匀流,此时各断面水力要素都一致,只需要量测一个断面作记录,再进行计算即可。

## 6 实验数据记录

实验日期:________________ 实验者:________________

仪器编号:________________

流量计算公式 $Q =$ ________________

**注:**三角形薄壁堰(直角)$Q = 1.365H^{2.48}$

矩形薄壁堰 $Q = m_0 B\sqrt{2g}H^{\frac{3}{2}}$,其中 $m_0 = \left(0.405 + \frac{0.0027}{H}\right)\left[1 + 0.55\left(\frac{H}{H+a}\right)^2\right]$

式中 $m_0$——流量系数;

$a$——堰高;

$B$——堰宽。

玻璃水槽的内宽 $B =$ __________ cm 两施测断面间的距离 $L =$ ____________ cm

堰顶高程 $H_0 =$ ____________ cm

断面 1 的槽底测针读数 $\nabla_{1底} =$ ________ cm 基准面测针读数 $\nabla_{1基} =$ ________ cm

断面 2 的槽底测针读数 $\nabla_{2底} =$ ________ cm 基准面测针读数 $\nabla_{2基} =$ ________ cm

**表 4-3 实验数据记录表** (单位:cm)

| 测次 | 三角形(矩形)薄壁堰水面高程 | 测针筒水位 | |
|---|---|---|---|
| | | 断面 1 | 断面 2 |
| 1 | | | |
| 2 | | | |
| 3 | | | |
| 4 | | | |
| 5 | | | |

## 7 实验结果

(1)整理实验数据,并进行有关计算,完成表 4-4。

表 4-4　实验计算表

| 测次 | | 1 | 2 | 3 | 4 | 5 |
|---|---|---|---|---|---|---|
| 三角形(矩形)薄壁堰堰顶水头 $H$ (m) | | | | | | |
| 过堰流量($cm^3/s$) | | | | | | |
| 断面 1 | 测压管水头(m) | | | | | |
| | 断面水深(m) | | | | | |
| | 断面面积($m^2$) | | | | | |
| | 断面平均流速(m/s) | | | | | |
| | 断面总水头(m) | | | | | |
| 断面 2 | 测压管水头(m) | | | | | |
| | 断面水深(m) | | | | | |
| | 断面面积($m^2$) | | | | | |
| | 断面平均流速(m/s) | | | | | |
| | 断面总水头(m) | | | | | |
| 平均水深(m) | | | | | | |
| 平均水力半径(m) | | | | | | |
| 平均流速(m/s) | | | | | | |
| 平均水力坡度 | | | | | | |
| 平均糙率 | | | | | | |
| | | | | | | |

(2)绘制均匀流情况下的水深(或断面平均水深)和糙率的 $h \sim n$ 关系曲线(见图 4-5)。

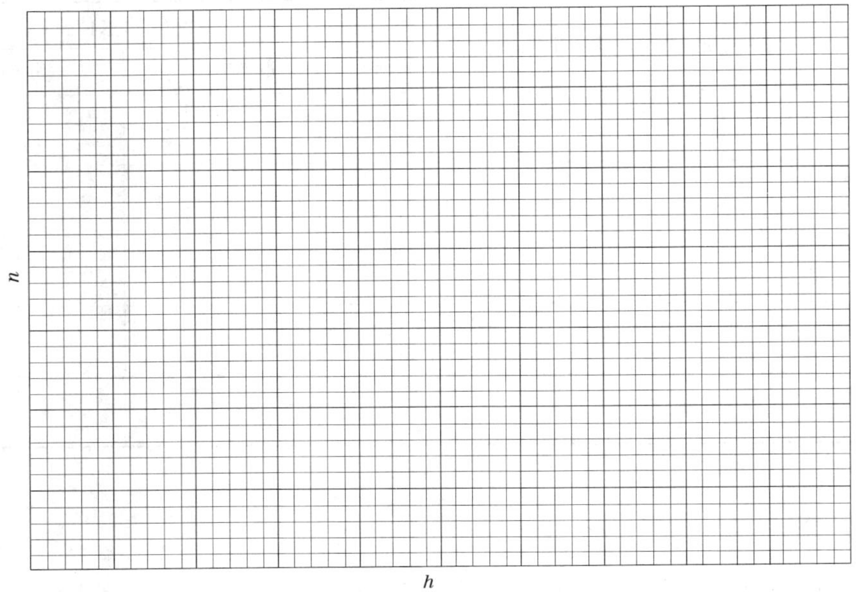


图 4-5

## 8 思考题

(1)试通过实验结果分析影响糙率 $n$ 的因素。

(2)测量糙率时,为什么要区分均匀流和非均匀流?分别如何测量?

# 任务 3 闸下自由出流流量系数的测定实验

## 1 实验目的

(1)掌握平板闸门流量系数 $\mu_0$ 的测定方法,了解影响 $\mu_0$ 的因素。

(2)点绘流量系数 $\mu_0$ 与相对开度 $e/H$ 之间的关系曲线。

## 2 实验装置

如图 4-6 所示,在玻璃水槽中设有可升降的平板闸门,控制闸门开度 $e$ 形成闸孔出流。在水槽首部装有带刻度的直角薄壁堰用来量测水槽的流量,设有活动测针沿轨道移动以测量上下游水位,并在水槽尾部设有阀门用以控制下游水位。

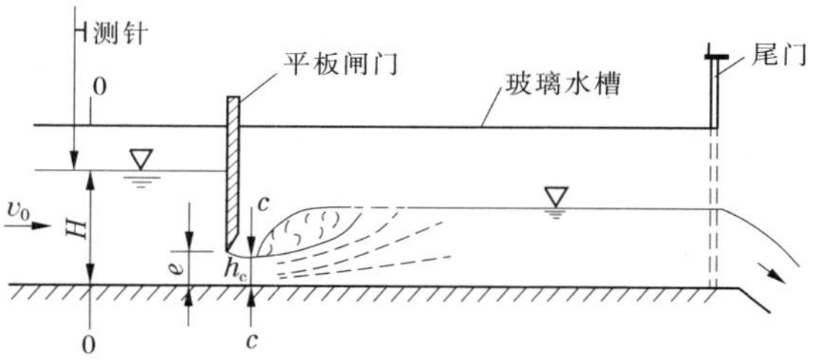


图 4-6 平板闸门出流实验装置示意图

## 3 实验原理

如图 4-6 所示,列 0 — 0 和 $c$ — $c$ 断面的能量方程式

$$H + \frac{\alpha_0 v_0^2}{2g} = h_c + \frac{\alpha_c v_c^2}{2g} + \zeta \frac{v_c^2}{2g} \tag{4-12}$$

经整理得到

$$Q = \mu_0 eB \sqrt{2gH_0} \tag{4-13}$$

$$\mu_0 = \frac{Q}{eB \sqrt{2gH_0}} \tag{4-14}$$

式中 $\mu_0$——流量系数,是流速系数 $\varphi$ 和相对开度 $e/H$ 的函数。

在实验中,保持流量一定,改变闸门开度,经量测 $Q$、$H_0$、$e$、$B$ 值后,便可按式(4-14)求得 $\mu_0$ 值。最后,根据不同的相对开度,点绘 $\mu_0 \sim e/H$ 的关系曲线。

## 4 实验步骤

(1)水槽放水之前，首先关闭平板闸门，读记闸门标尺的起始读数 $e_0$，然后将闸门开到一定开启度。

(2)关闭首部的泄水阀，打开进水阀和尾阀，使水流保持自由出流，待水流稳定后，利用水槽首部的三角堰流测定过闸流量，流量应控制在闸门较小开度时，闸前水面不溢出水槽为准。

(3)利用闸前水位测针，测读闸前水位(或利用测压管测定)。

(4)利用平板闸门上的标尺，测读闸门标尺读数 $e'$，到此，即完成一个测次。

(5)继续进行第二次实验。增大平板闸门的开度，待水流稳定后，测读闸前水位，测读闸门开度；共做 8 次左右。

(6)当以上实验完毕后，调节尾门，变化下游水深，观察闸门下游淹没水跃、临界水跃、远离水跃的水流特点及水闸出流情况。

(7)分析整理实验数据，以 $\mu_0$ 为纵坐标，$e/H$ 为横坐标，点绘 $\mu_0 \sim e/H$ 曲线，即为本实验的成果。

## 5 注意事项

(1)水槽首部进水阀打开调好后，实验过程中不再变动，以保持流量一定。

(2)在实验过程中，应保证过闸水流为自由出流。为此尾门的开度应大一些。

(3)闸门小开度时，闸前水面不得过高，以防水槽漫溢。

(4)实验点数据太少时，可变更流量和闸门的相对开度，重复实验步骤(2)～(5)。

## 6 实验数据记录及实验结果

(1)整理实验数据，并进行有关计算，完成表 4-5。

实验日期:________________ 实验者:________________

仪器编号:________________

三角堰零点 $\nabla_0$ = ____________ cm 三角堰堰上水位读数 $\nabla$ = ____________ cm

三角堰堰上水头 $H = \nabla - \nabla_0$ = ____________ cm

流量 $Q = 15.42H^{2.47}$ = ____________ $cm^3/s$

闸前水位测针零点读数 $\nabla_{底}$ = ____________ cm 槽宽 $B$ = ____________ cm

闸门关闭时标尺起始读数 $e_0$ = ____________ cm

**表 4-5　实验数据记录计算表**

| 测次 | 1 | 2 | 3 | 4 | 5 | 6 | 7 | 8 |
|---|---|---|---|---|---|---|---|---|
| 闸前水面读数$\nabla$(cm) | | | | | | | | |
| 闸前水深 $H=\nabla-\nabla_{底}$(cm) | | | | | | | | |
| 闸门标尺读数 $e'$(cm) | | | | | | | | |
| 闸门开启度 $e=e'-e_0$(cm) | | | | | | | | |
| 闸前过水断面面积 $A_0=BH$($cm^2$) | | | | | | | | |
| 闸前行近流速 $v_0=\frac{Q}{A_0}$(cm/s) | | | | | | | | |
| $\frac{v_0^2}{2g}$(cm) | | | | | | | | |
| $H_0=H+\frac{v_0^2}{2g}$(cm) | | | | | | | | |
| $eB\sqrt{2gH_0}$($cm^3$/s) | | | | | | | | |
| $\mu_0$ | | | | | | | | |
| $\frac{e}{H}$ | | | | | | | | |

(2)分析整理实验数据,以 $\mu_0$ 为纵坐标,$e/H$ 为横坐标,点绘 $\mu_0\sim e/H$ 曲线(见图 4-7)。

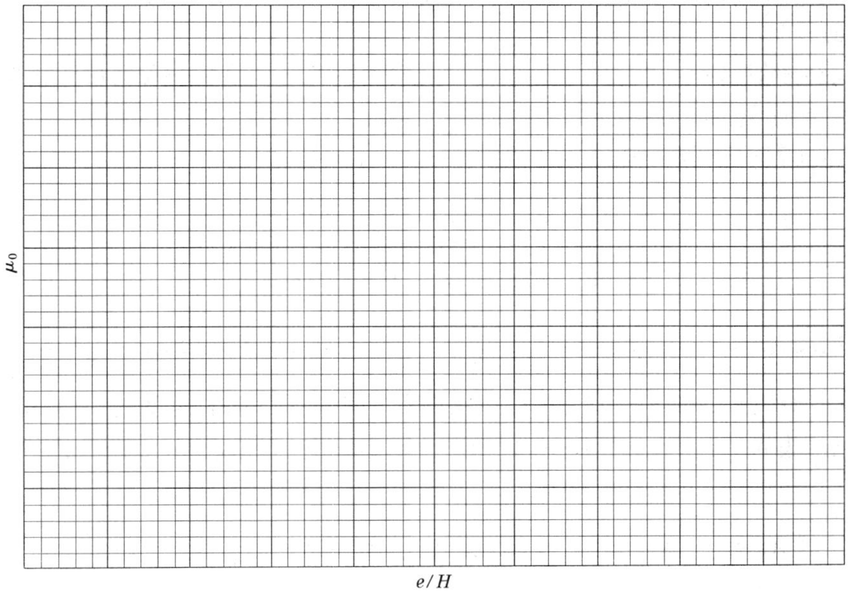


图 4-7

## 7　回答题

(1)为什么相对开度 $e/H$ 会影响流量系数 $\mu_0$ 的值?

(2)当闸下出现淹没出流时,闸前水位将发生什么变化?为什么会发生这个变化?

# 任务4 相似原理及水力模型实验

## 1 相似理论

### 1.1 流动相似

原型(Prototype):天然流体和实际建筑物称为原型。

模型(Model):通常把原型(工程实物)按一定比例关系缩小(或放大)的代表物,称为模型。

实验(Experiment):以认识基本运动规律为目的,它是设计来检验一个理论或证实一种假设而进行的一系列操作或活动。

试验(Model test):针对某一特定工程问题进行的研究,它是在以前没有得到结论的,或是结论没有得到大多数人认可的,我们再通过试验对某个结论进一步研究。

水力学模型试验的目的:利用模型流动来模拟和研究原型流动问题。

关键问题:使模型流动和原型流动保持流动相似。

流动相似:若两个流动的对应点上的同名物理量(如速度、压强及各种作用力等)具有各自的固定比例关系,则这两个流动就是相似的。

模型和原型保证流动相似,应满足几何相似、运动相似、动力相似以及初始条件和边界条件相似。

(1)几何相似(Geometric Similarity):指原型和模型两个流场的几何形状相似,即对应的线段长度成比例、夹角相等。

以角标 p 表示原型,m 表示模型,则有:

$$\left.\begin{aligned}&\frac{l_{p1}}{l_{m1}}=\frac{l_{p2}}{l_{m2}}=\cdots=\frac{l_{pn}}{l_{mn}}=\lambda_l\\&\theta_{pi}=\theta_{mi}\quad(i=1,2,\cdots,n)\end{aligned}\right\}\tag{4-15}$$

长度比尺 $\lambda_l=\frac{l_p}{l_m}$,面积比尺 $\lambda_A=\frac{A_p}{A_m}=\frac{l_p^2}{l_m^2}=\lambda_l^2$,体积比尺 $\lambda_V=\frac{V_p}{V_m}=\frac{l_p^3}{l_m^3}=\lambda_l^3$。

(2)运动相似(Kinetic Similarity):指原型和模型流体运动的速度场相似,即两流场各相应点(包括边界上各点)的速度 $u$ 及加速度 $a$ 方向相同,且大小具有同一比值。

速度比尺 $\lambda_v=\frac{v_p}{v_m}=\frac{\frac{l_p}{t_p}}{\frac{l_m}{t_m}}=\frac{\lambda_l}{\lambda_t}$,加速度比尺 $\lambda_a=\frac{a_p}{a_m}=\frac{\frac{v_p}{t_p}}{\frac{v_m}{t_m}}=\frac{\lambda_v}{\lambda_t}=\frac{\lambda_l}{\lambda_t^2}$。

(3)动力相似(Dynamic Similarity):指原型和模型相应点处质点受同名力作用,力的方向相同,大小成比例。

分别以符号 $T$、$G$、$P$、$T_w$ 和 $I$ 代表影响流体运动的作用力,如黏滞力、重力、压力、表面张力和惯性力,则有:

$$力的比尺\ \lambda_f = \frac{T_p}{T_m} = \frac{G_p}{G_m} = \frac{P_p}{P_m} = \frac{T_{wp}}{T_{wm}} = \frac{I_p}{I_m} = \cdots \tag{4-16}$$

(4)初始条件和边界条件相似:边界条件相似指两个流动对应边界性质相同,如原型中有固定壁面,模型中相应部分也是固定壁面;原型中的自由液面,模型相应部分也是自由液面。

对于非恒定流动,还要满足初始条件相似;而对于恒定流动,无需初始条件相似。

流动相似的进一步解释:边界条件和初始条件相似以及几何相似是流动相似的前提与依据;动力相似是决定流体运动相似的主导因素;运动相似是几何相似和动力相似的最终表现,是流动相似的目标;凡流动相似的原型和模型流动,必然同时满足几何相似、动力相似和运动相似。

## 1.2 动力相似准则

$$\lambda_f = \frac{T_p}{T_m} = \frac{G_p}{G_m} = \frac{P_p}{P_m} = \frac{T_{wp}}{T_{wm}} = \frac{I_p}{I_m} = \cdots \tag{4-17}$$

动力相似准则:在两相似的流动中,各种力之间保持某种固定不变的比例关系。

(1)雷诺(黏滞力)准则:考虑原型和模型之间黏滞力与惯性力的关系

$$\frac{T_p}{T_m} = \frac{I_p}{I_m} \tag{4-18}$$

式中,$T = \mu A \dfrac{dv}{dy}$,$\mu$ 为动力黏滞系数,$\dfrac{dv}{dy}$ 是速度梯度;$I = ma = \rho l^3 \dfrac{l}{t^2} = \rho l^2 v^2$,代入式(4-18),得到

$$\frac{\mu_p A_p \dfrac{dv_p}{dy_p}}{\mu_m A_m \dfrac{dv_m}{dy_m}} = \frac{\rho_p l_p^2 v_p^2}{\rho_m l_m^2 v_m^2} \Leftrightarrow \frac{\mu_p l_p^2 \dfrac{v_p}{l_p}}{\mu_m l_m^2 \dfrac{v_m}{l_m}} = \frac{\rho_p l_p^2 v_p^2}{\rho_m l_m^2 v_m^2} \Leftrightarrow \frac{v_p l_p}{\dfrac{\mu_p}{\rho_p}} = \frac{v_m l_m}{\dfrac{\mu_m}{\rho_m}} \tag{4-19}$$

式中,运动黏滞系数 $\upsilon = \dfrac{\mu}{\rho}$,最终化简为 $\dfrac{v_p l_p}{\upsilon_p} = \dfrac{v_m l_m}{\upsilon_m}$。

定义:$Re = \dfrac{vl}{\upsilon}$,雷诺数表征了惯性力与黏滞力的比。两相似流动,若黏滞力起主要作用,雷诺数必定相等,即 $(Re)_p = (Re)_m$。

适用范围:水流阻力即黏滞力起主要作用的有压流动,如层流状态下的管道、隧洞中的有压流动和潜体绕流问题等。

(2)弗劳德(重力)准则:考虑原型和模型之间重力和惯性力的关系

$$\frac{G_p}{G_m} = \frac{I_p}{I_m} \tag{4-20}$$

式中,$G = \rho g l^3$,$I = ma = \rho l^2 v^2$,代入式(4-20)得

$$\frac{\rho_p g_p l_p^3}{\rho_m g_m l_m^3} = \frac{\rho_p l_p^2 v_p^2}{\rho_m l_m^2 v_m^2} \Leftrightarrow \frac{v_p^2}{g_p l_p} = \frac{v_m^2}{g_m l_m} \tag{4-21}$$

定义:$Fr = \dfrac{v^2}{gl}$弗劳德数(Froude number),它表征了惯性力与重力之比,两相似流动,

重力起主要作用时，弗劳德数相等。由于原型和模型都在地球上试验，$g_p = g_m$，所以 $\lambda_v = \frac{v_p}{v_m} = \sqrt{\frac{l_p}{l_m}} = \lambda_l^{0.5}$。

适用范围：凡有自由水面并且允许水面上下自由变动的各种流动（重力起主要作用），如堰顶溢流、孔口出流、明槽流动、紊流阻力平方区的有压管流与隧洞流动等。

(3)欧拉（压力）准则：考虑原型与模型之间压力与惯性力的关系

$$\frac{P_p}{P_m} = \frac{I_p}{I_m} \tag{4-22}$$

式中，$P = pl^2$，$p$ 为单位面积的压力，即压强；$I = \rho l^2 v^2$，代入式(4-22)，得到

$$\frac{p_p}{\rho_p v_p^2} = \frac{p_m}{\rho_m v_m^2} \tag{4-23}$$

定义：$Eu = \frac{p}{\rho v^2}$ 为欧拉数（Euler number），它表征了惯性力与压力之比，两相似流动，压力起主要作用时，欧拉数相等。

欧拉准则不是独立准则，当雷诺准则、弗劳德准则成立时，欧拉准则可自行成立，$Eu$ 也可用压差形式表示为

$$Eu = \frac{\Delta p}{\rho v^2} \tag{4-24}$$

(4)韦伯（表面张力）准则：考虑原型与模型之间表面张力与惯性力的关系

$$\frac{T_{wp}}{T_{wm}} = \frac{I_p}{I_m} \tag{4-25}$$

式中，$T_w = \sigma l, I = \rho l^2 v^2$，代入式(4-25)，得到

$$\frac{\sigma_p}{\rho_p l_p v_p^2} = \frac{\sigma_m}{\rho_m l_m v_m^2} \tag{4-26}$$

定义：$We = \frac{\rho l v^2}{\sigma}$ 为韦伯数（Weber number），它表征了惯性力与表面张力之比，两相似流动，表面张力起主要作用时，韦伯数相等。

(5)弹性力相似准则：考虑原型与模型之间弹性力与惯性力的关系

$$\frac{F_{Ep}}{F_{Em}} = \frac{I_p}{I_m} \tag{4-27}$$

①对于可压缩流的模型试验，$F_E = \mathrm{d}pA = KA\frac{\mathrm{d}V}{V}$，$K$ 为弹性系数，$I = \rho l^2 v^2$，代入式(4-27)，得

$$\frac{K_p l_p^2 \frac{\mathrm{d}V_p}{V_p}}{\rho_p l_p^2 v_p^2} = \frac{K_m l_m^2 \frac{\mathrm{d}V_m}{V_m}}{\rho_m l_m^2 v_m^2} \Leftrightarrow \frac{\rho_p v_p^2}{K_p} = \frac{\rho_m v_m^2}{K_m} \tag{4-28}$$

定义：$Ca = \frac{\rho v^2}{K}$ 为柯西数（Cach number），它表征了惯性力与弹性力之比。

②高速气流的模型试验中，对于气体满足 $\frac{K}{\rho} = c^2$，$c$ 为声速。

$$Ca = \frac{\rho v^2}{K} = \frac{v^2}{c^2} \tag{4-29}$$

定义：$Ma = \sqrt{Ca} = \frac{v}{a}$，马赫数（Mach number），弹性力起主要作用时（如水击、空气动力学的亚音速或超音速运动等），马赫数相等。

## 2　模型试验

模型试验：建立与原型相似的小尺度模型进行试验研究，并根据模型的试验结果预测原型将会发生的流动现象及规律。

### 2.1　模型律的选择

原型和模型流动雷诺数相等的这个相似条件，称为雷诺模型律；原型和模型流动弗劳德数相等的这个相似条件，称为弗劳德模型律；以此类推。

为了使模型同时满足和原型流动完全相似，除要求满足几何相似外，各独立的相似准则应同时满足。但实际上要同时满足各准则很困难，甚至是不可能的，所以在设计模型和组织模型试验时，在与流动过程有关的定性准则中，只考虑那些对流动过程起主导作用的定性准则，就是保证对流动起主要作用的力相似，而忽略那些对过程影响较小的定性准则，以达到模型流动与原型流动的近似相似。

### 2.2　模型设计

（1）通常是先根据实验场地、模型制作和量测条件定出长度比尺 $\lambda_l$，再以选定的比尺缩小原型的几何尺寸，得出模型区的几何边界。

（2）根据对流动受力情况的分析，满足对流动起主要作用的力相似，抓住主要矛盾选择模型律。

（3）最后按所选用的相似准则，确定流速比尺 $\lambda_v$ 及模型的流量。如图4-8、图4-9所示。

图4-8　典型水利工程整体模型

图4-9　鱼道水力试验

## 3　例题

**【例1】**　渠道上设一平底单孔平板闸门泄流，上游水深 $H_p = 3$ m，闸前水流行近流速 $v_{0p} = 0.6$ m/s，闸孔宽度 $b_p = 6$ m，下游为自由出流，闸门开度 $e_p = 1.0$ m。今欲按长度比尺

$\lambda_l=10$ 设计模型来研究平板闸门的流量系数 $\mu$，试求：

(1)模型的尺寸和闸前行近流速 $v_{0m}$；

(2)如果在模型上测得某点的流量为 $Q_m=81.5$ L/s，则原型上对应点的流量 $Q_p$ 为多少？

(3)闸门出流的流量系数 $\mu$ 为多少？

**解**：(1)模型尺寸设计和闸前行近流速：

因为闸孔出流的主要作用力是重力，所以按重力相似准则设计模型。

模型的长度比尺 $\lambda_l = 10$，则模型的尺寸如下：

上游水深 $H_m = \dfrac{H_p}{\lambda_l} = \dfrac{3}{10} = 0.3(\text{m})$，闸孔宽度 $b_m = \dfrac{b_p}{\lambda_l} = \dfrac{6}{10} = 0.6(\text{m})$

闸门开度 $e_m = \dfrac{e_p}{\lambda_l} = \dfrac{1.0}{10} = 0.1(\text{m})$，重力相似准则条件下流速比为 $\lambda_v=\lambda_l^{0.5}$，则

$$v_{0m} = \frac{v_{0p}}{\lambda_v} = \frac{v_{0p}}{\lambda_l^{0.5}} = \frac{0.6}{10^{0.5}} = 0.19(\text{m/s})$$

(2)原型流量 $Q$ 的计算：

重力相似准则条件下的流量比尺 $\lambda_p = \lambda_v\lambda_l^2 = \lambda_l^{2.5}$，则

$Q_p = Q_m\lambda_Q = Q_m \times \lambda_l^{2.5} = 0.081\ 5 \times 10^{2.5} = 25.76(\text{m}^3/\text{s})$

(3)计算流量系数 $\mu$。

流量系数是常数，在原型和模型上都相同，根据平板闸门自由出流计算公式

$$Q = \mu\sigma_s be\sqrt{2gH_0}$$

其中，$\sigma_s$ 为淹没系数(自由出流时 $\sigma_s=1$)；$\mu$ 为闸孔出流流量系数；$b$ 为闸孔宽度；$e$ 为闸孔开度；$H_0$ 为闸孔全水头，行近流速很小，流速水头可以忽略不计，$H_0 = H$。

则
$$\mu_p = \mu_m = \mu = \frac{Q_p}{b_pe_p\sqrt{2g_pH_p}} = \frac{25.76}{6\times 1\times\sqrt{2\times 9.81\times 3}} = 0.56$$

**【例2】** 有一直径 $d_p=50$ cm 的输油管道，管道长 $l_p=200$ m，油的运动黏滞系数 $\upsilon_p=1.31\times 10^{-4}$ m²/s，管中通过的流量 $Q_p=0.1$ m³/s。现用 10 ℃的水和管径 $d_m=5$ cm 的管路进行模型试验，试求模型管道的长度和通过的流量。

**解**：该管道模型的长度比尺 $\lambda_l = \dfrac{d_p}{d_m} = \dfrac{50}{5} = 10$，则模型管道长 $l_m = \dfrac{l_p}{\lambda_l} = \dfrac{200}{10} = 20(\text{m})$。

判别原型管道中的流态：

$v_p = \dfrac{Q_p}{A_p} = \dfrac{0.1\times 4}{\pi\times 0.5^2} = 0.51(\text{m/s})$，$(Re)_p = \dfrac{v_pd_p}{\upsilon_p} = \dfrac{0.51\times 0.5}{1.31\times 10^{-4}} = 1\ 947 < 2\ 000$，

管内为层流，应该按照黏滞力相似准则(即雷诺相似准则)计算模型中流量 $Q_m$。

10 ℃的水的运动黏滞系数 $\upsilon_m = 0.013\ 1\times 10^{-4}\ \text{m}^2/\text{s}$，模型运动黏滞系数比尺为 $\lambda_\upsilon = \dfrac{\upsilon_p}{\upsilon_m} = \dfrac{1.31\times 10^{-4}}{0.013\ 1\times 10^{-4}} = 100$。

由于满足雷诺相似准则，即 $\dfrac{(Re)_{\mathrm{p}}}{(Re)_{\mathrm{m}}} = \dfrac{\dfrac{v_{\mathrm{p}} d_{\mathrm{p}}}{\upsilon_{\mathrm{p}}}}{\dfrac{v_{\mathrm{m}} d_{\mathrm{m}}}{\upsilon_{\mathrm{m}}}} = 1 \Rightarrow \lambda_v = \dfrac{\lambda_\upsilon}{\lambda_d} = \dfrac{\lambda_\upsilon}{\lambda_l}$

流量比尺 $\lambda_Q = \lambda_v \lambda_l^2 = 100 \times 10^2 = 10\ 000$

模型管道中的流量 $Q_{\mathrm{m}} = \dfrac{Q_{\mathrm{p}}}{\lambda_Q} = \dfrac{0.1}{10^4} = 1 \times 10^{-5}(\mathrm{m^3/s}) = 0.01(\mathrm{L/s})$

## 4 思考题

(1)为什么每个相似准则都要表征惯性力?

(2)已知模型和原型相似的长度比尺,分别写出满足重力相似准则和黏滞力相似准则的流速比尺、流量比尺和时间比尺。

# 参 考 文 献

[1] 吴持恭. 水力学[M]. 3版. 北京:高等教育出版社,2003.
[2] 清华大学水力学教研组. 水力学[M]. 北京:人民教育出版社,1980.
[3] 吴桢祥,杨玲霞,李国庆,等. 水力学[M]. 北京:气象出版社,1994.
[4] 徐正凡. 水力学[M]. 北京:高等教育出版社,1986.
[5] 黄伦超,许光祥. 水工与河工模型试验[M]. 郑州:黄河水利出版社,2008.
[6] 武汉大学水利水电学院. 水力计算手册[M]. 北京:中国水利水电出版社,2006.
[7] 张耀先,丁新求. 水力学[M]. 郑州:黄河水利出版社,2008.
[8] 张智涌,朱李英. 水力学[M]. 北京:中国水利水电出版社,2012.
[9] 陈艳霞,高建勇,钱波. 水力学实验[M]. 北京:中国水利水电出版社,2012.
[10] 艾翠玲. 水力学实验教程[M]. 北京:化学工程出版社,2011.
[11] 贺晖,王华. 水力学实验教程[M]. 郑州:黄河水利出版社,2012.
[12] 杨小亭,冯彩凤,李琼. 水力学实验[M]. 北京:中国水利水电出版社,2008.
[13] 中华人民共和国水利部. SL 616—2013 水利水电工程水力学原型观测规范[S]. 北京:中国水利水电出版社,2012.